世界技能大赛备赛实战指导教材

world skills
China

世界技能大赛
烹饪（西餐）
技术规范手册

编著　中商技能世界技能大赛图书编委会
主编　陈　刚

中国商业出版社

图书在版编目（CIP）数据

世界技能大赛烹饪（西餐）技术规范手册 / 中商技能世界技能大赛图书编委会编著；陈刚主编．-- 北京：中国商业出版社，2023.3

ISBN 978-7-5208-2430-9

Ⅰ．①世… Ⅱ．①中… ②陈… Ⅲ．①西式菜肴－技术规范－手册 Ⅳ．① TS972.118-62

中国版本图书馆 CIP 数据核字 (2022) 第 244422 号

责任编辑：郑　静

中国商业出版社出版发行
（www.zgsycb.com 100053 北京广安门内报国寺 1 号）
总编室：010-63180647　编辑室：010-83118925
发行部：010-83120835/8286
新华书店经销
三河市天润建兴印务有限公司印刷
*
787 毫米 ×1092 毫米　16 开　16.75 印张　220 千字
2023 年 3 月第 1 版　2023 年 3 月第 1 次印刷
定价：139.00 元
* * * *
（如有印装质量问题可更换）

中商技能世界技能大赛图书
编　委　会

《世界技能大赛烹饪（西餐）技术规范手册》

编委会

主　　编： 陈　刚

副 主 编： 陈海亮　张振祝　顾莉雅　刘　利　刘　雄　邵泽东

参编人员： 汤仁杰　王　辉　王　达　孟繁宇　杨东升　方诗慧　李蓓蓓

序一 Introduction

世界技能大赛是由世界技能组织于1950年创立，是全球范围历史最久、规模最大、水平最高、影响力最广的一项国际性职业技能竞赛，被誉为“世界技能奥林匹克”。

我国世界技能大赛之路始于20世纪90年代，经过20多年的不懈努力，2010年正式加入了世界技能组织。至今，我国已连续参加了5届世界技能大赛，参赛项目和参赛规模不断扩大，参赛成绩不断提升。从2011年伦敦首次参赛取得第一枚奖牌，到圣保罗实现金牌零的突破，再到阿布扎比、喀山连续两届蝉联金牌榜、奖牌榜和奖牌总分榜第一，中国青年技能健儿不断攀登技能巅峰，展现了新时代中国优秀技能人才的风采，为国家赢得了荣誉。2017年，中国上海申办第46届世界技能大赛获得成功。10年峥嵘，我们踏踏实实，一步一个脚印，取得了举世瞩目的成绩。但我们应该清醒地认识到，我国在世界技能大赛中的成绩还不够均衡，历届获奖主要集中于制造与工程技术领域，累计获得了18枚金牌、8枚银牌、8枚铜牌，累计奖牌34枚，多个项目蝉联金牌。而在社会和个人服务领域，累计获得了3枚金牌、4枚银牌、2枚铜牌，个别项目至今未获得金牌和奖牌，表明在该技能领域我国还存在短板，亟须加强教育培训，迎头赶上世界先进水平。

我非常高兴地看到，中国商业技师协会餐饮分会积极行动，组织世界技能大赛烘焙、糖艺/西点制作、烹饪（西餐）、餐厅服务四个竞赛项目相关专家、教练、选手、专业人员，认真开展技术研究，总结归纳参赛和备赛经验，提炼相关培养培训标准，编写成书并向社会大众分享。书中既有对世界技能大赛和相关项目的介绍，也有项目技术细节、集训备赛资料的分享，更有参与者的感悟和心得，可谓内容丰富、指导性强。

我相信，这套书籍将有利于世界技能大赛在社会公众中科普推广，有利于推动业界对世界技能大赛的标准和成果的理解、吸收和转化，有利于营造社会服务类技能人才成长良好的社会氛围，将吸引并带动更多的青年人投身技能、热爱技能，走上技能成才、技能报国之路，为促进就业创业创新，打造中国服务品牌，推动经济高质量发展提供强有力支撑。

是为序。

中华人民共和国人力资源和社会保障部原副部长
第41届、第42届世界技能大赛中国组委会主任 王晓萍

2022年5月

INTRODUCTION

The WorldSkills Competition (WSC) has been founded by the WorldSkills International since 1950. In today's world, WSC undoubtedly is the greatest international vocational skills competition in every aspect such as its history, scale, quality, and influence. It is no exaggeration to say that WSC is the Olympics of Skills.

China sets its foot in the early journey to WorldSkills was in 1990s, through tenacious efforts in over 20 years, we finally joined the WorldSkills family in 2010. So far, China has been competing in 5 consecutive WorldSkills Competitions, the skills competed, and the scale of Team China are expanding, and the results are continuously improving as well. From the first medal in the first WorldSkills London 2011, to the first valuable gold medals in WorldSkills Sao Paulo 2015, to two times being first places in the total medal points, average point, and total point at WorldSkills Abu Dhabi 2017 and WorldSkills Kazan 2019, Chinese young Competitors has kept pushing their limit in Skills, showing off China's outstanding skilled personnel in new era, and winning honors for our mother country. In 2017, Shanghai successfully won bid to host the 46th WorldSkills Competition. Look back to the memorable ten years, we were down-to-earth, consolidated at every single step, finally, we made remarkable achievements. Meanwhile, we should be soberly aware that China'sperformance in the WSC is still not balanced enough. So far, our awards were mainly concentrated in the sector of Manufacturing and Engineering Technology with total 34 medals including 18 gold medals, 8 silver medals, and 8 bronze medals, and even we successfully defended our gold medals in some skills. However, in the sector of Social and Personal Services, we have won 3 gold medals, 4 silver medals, and 2 bronze medals in total, some skills still did not make breakthrough of gold medals or medals. Evidence suggests that we still have plenty of scope for improvement within the sector, therefore, it would be vital for these skills to improve their preparation and training, and work harder for catching up the top-level in the world.

I am very happy to see that the Catering branch, China Association of Business Professionals is playing a proactive role in organizing Experts, coaches, Competitors, and professionals from teams of four WSC's Skills including Bakery, Pâtisserie and Confectionery, Cooking, and Restaurant Service. The stakeholders conducted technical research, summed up experience from previous Competitions and preparation, compiled training standards, and composed them into books for the public. These books include introduction of WorldSkills movement and China's engagement, and Skills in general, as well as the technical details of those skills, training and preparation materials, and aspiration and experiences from these participants. I am sure these books would be practical, instructive, and rich in content.

I do believe, these books would popularize WorldSkills movement among the public, while our industry would be benefit from understanding and benchmarking WSC's standards and its best practices. Furthermore, it could help to create a good atmosphere in social services for skilled talents standing out as well. The good atmosphere will attract and inspire more young people to engage themselves with skills, love skills, master skills, and then serve the country with their honoed skills. Let's work together, we can provide strong support for promoting employment, entrepreneurship, and innovation, make a good reputation of Chinese service, and promote high-quality economic development.

Former Deputy Minister, Ministry of Human Resources and Social Security of the P.R. China

Former Director, WorldSkills China (41st and 42nd WSC) 王晓初

May 2022

序 二 Introduction Ⅱ

世界技能大赛是当今职业技能竞赛中地位最高、规模最大、影响力最大的国际赛事，每两年举办一届，被誉为“世界技能奥林匹克”，其竞赛水平代表了职业技能发展的世界先进水平，是世界技能组织成员展示和交流职业技能的重要平台。在俄罗斯喀山举办的第45届世界技能大赛上，中国代表团共获得16枚金牌、14枚银牌、5枚铜牌和17个优胜奖，再次荣登金牌榜、奖牌榜、团体总分第一。

在获得金牌的项目中，数控铣、焊接2个项目实现金牌“三连冠”，车身修理、砌筑、花艺、时装技术4个项目蝉联冠军。获得银牌的项目包括糖艺/西点制作、信息网络布线、机电一体化、飞机维修等。获得铜牌的项目包括烘焙、烹饪（西餐）、工业控制、塑料模具工程等。获得优胜奖的项目包括餐厅服务、CAD机械设计、商务软件解决方案、印刷媒体技术等。

其中与餐饮相关的4个项目全部有我国选手获奖。这些选手分别是：银奖获得者糖艺/西点制作项目选手钟玲铁；铜奖获得者烘焙项目选手张子阳，烹饪（西餐）项目选手蔺永康；优胜奖获得者餐厅服务项目选手吴佳妮。

中共中央总书记、国家主席、中央军委主席习近平曾对我国技能选手在第45届世界技能大赛上取得佳绩作出重要指示，向我国参赛选手和从事技能人才培养工作的同志们致以热烈祝贺。习近平强调，劳动者素质对一个国家、一个民族发展至关重要。技术工人队伍是支撑中国制造、中国创造的重要基础，对推动经济高质量发展具有重要作用。要健全技能人才培养、使用、评价、激励制度，大力发展技工教育，大规模开展职业技能培训，加快培养大批高素质劳动者和技术技能人才。要在全社会弘扬精益求精的工匠精神，激励广大青年走技能成才、技能报国之路。

作为餐饮工作者和世界技能大赛参与者应清醒地认识到：我们与世界发达国家和地区的技能整体发展水平还有一定差距，我们的世界技能大赛成果转化和技能培训教育也还有很长的路要走。

为了更好地推广世界技能大赛文化、促进世界技能大赛成果转化、助力中国技能行业发展、提升中国职业教育水平，中国商业技师协会餐饮分会联合中商技能（海南）文化发展有限公司组织世界技能大赛的中国专家编写了这套“世界技能大赛备赛实战指导教材”。每本书的主编皆由历届世界技能大赛项目的专家组组长或资深专家领衔，他们带领中国专家组专家、翻译人员，根据备战世界技能大赛历程、世界技能大赛评判实际操作以及亲身感悟倾囊相授，包括世界技能大赛相关项目的规则、规范、试题、作品及训练方案等。通过系统地学习，可以使读者能够领会世界技能大赛的要义，不仅能更好地备战世界技能大赛，更能很好地参加世界技能大赛，赛出水平、赛出成绩。

职业教育是技能强国的重要抓手，世界技能大赛是引领职业技能提升的一个重要平台。“世界技能大赛备赛实战指导教材”是国内第一套系统地介绍世界技能大赛的专业书籍，主要读者对象是专业院校老师、相关专业学生及酒店餐饮业从业人士。这是一套普及世界技能大赛知识的专业教材，一经发行必将为世界技能大赛餐饮文化的推广及我国餐饮职业教育的提升起到重要作用。

由于“世界技能大赛备赛实战指导教材”的编写尚属首次，限于编写人员的专业水平和能力，加之时间匆忙，书中难免存在不足之处，恳请专家、教练、选手和广大读者批评指正。

祝我国世界技能大赛选手取得更好成绩！

中国商业技师协会餐饮分会主席　李　斌

2022年5月

前言 Preface

世界技能大赛由世界技能组织举办，是迄今全球地位最高、规模最大、最具影响力的职业技能竞赛，被誉为“世界技能奥林匹克”，比赛每两年举办一届，截至目前已成功举办45届，是世界技能组织成员展示和交流职业技能的重要平台。

我国自2010年加入世界技能组织后，从第41届到第45届已参加了五届世界技能大赛，累计获得143枚奖牌。在第45届喀山世界技能大赛上，我国选手奋勇拼搏，攻坚克难，追求卓越，取得了16个项目金牌、14个项目银牌、5个项目铜牌和17个项目优胜奖的优异成绩。其中蔺永康摘取了烹饪（西餐）项目的铜牌，这不仅打破了西方国家对该项目的强势垄断，还实现了中国在烹饪（西餐）项目上奖牌从无到有的突破。这一成绩的取得不仅是参赛选手自身努力的结果，而且离不开各集训基地的支持与保障，更离不开以陈刚为首的专家教练组的指导与付出。

习近平总书记曾指出，劳动者素质对一个国家、一个民族的发展至关重要。技术工人队伍是支撑中国制造、中国创造的重要基础，对推动经济高质量发展具有重要作用。要健全技能人才培养、使用、评价、激励制度，大力发展技工教育，大规模开展职业技能培训，加快培养大批高素质劳动者和技能人才。要在全社会弘扬精益求精的工匠精神，激励广大青年走技能成才、技能报国之路。我们要抓住参加世界技能大赛烹饪（西餐）项目的契机，为选手及基地营造与世界接轨的平台，以点带面，推动西餐烹饪教育与技能培训改革，进而为我国西餐市场推陈出新，贡献力量。

结合第45届世界技能大赛烹饪（西餐）项目“规则说明”以及“试题”，本书实例分析并点评了获得金、银、铜牌三位选手的参赛作品；同时，全面系统地介绍了训练方案与备赛经验。在推广世赛烹饪（西餐）项目上实属首次，为我们了解该项目打开了一扇大门，也为后续备赛提供了宝贵参考。

编　者

2022年5月

目 录 Contents

第一章
西餐在世界技能大赛中的实际操作

第一节　比赛规则说明

世界技能大赛（World Skills Competition）竞赛规则是一套完整的文件体系，详细阐述了世界技能大赛在组织与运行、实施与管理等方面的决议和规则，涵盖竞赛各个方面。而且，随着竞赛项目的不断增加和项目要求的不断变化，每届大赛的竞赛规则都会进行一定程度的修订。

世界技能大赛竞赛规则由竞赛委员会更新，并经世界技能组织（World Skills International）全体大会批准后生效。

世界技能大赛竞赛规则分为A、B两册。A册阐述的是世界技能大赛运作、组织和策划的规则，B册阐述的是规范开展技能竞赛的规则。所有世界技能组织成员以及世界技能大赛工作人员和参赛者都必须遵守竞赛规则。

下面对世界技能大赛烹饪（西餐）项目的比赛规则进行介绍和说明。

一、介绍

（一）技能竞赛的名称及描述

该技能竞赛的名称为烹饪（西餐）。

1. 相关工作角色或职务描述

专业厨师服务于各高档休闲餐厅、酒店、福利餐饮，如医院、住宅区、主题公园和工业园区，为宾客和员工提供餐饮服务。在烹饪过程中，厨师的技能也需要进一步提升。要求其在商业环境下能够预算或预估利润。这些技能包括菜单制定、食物成本计算、购买、储存、食品原材料的使用以及控制；工作及工作时间的管理、规划、沟通及厨师团队的管理。

在高档酒店或者餐厅工作的厨师，需要在食品准备和展示中呈现高水准的技能，创造和调整菜品以满足那些习惯于在高档餐厅用餐的食客。对于一名厨师来说，能够紧追餐饮时尚和潮流，调整食物和服务是非常重要的。对于体验高档餐厅的食客来说，他们所期待的是一次难忘的用餐经历。与其相匹配的是餐厅的布置和氛围，餐厅的氛围及高质量的关怀服务以及超高水平的食物。

严格保持最高级别的个人和食物的卫生安全一直以来都是最为重要的。无法达到这点要求对于用餐者的健康和安全将会造成重大影响，也有可能对餐厅的名声和业务造成无法挽回的伤害。

我们一直将厨房视为较为危险的工作场地：员工们处在强大的工作压力下，在狭窄的空间中，操作着所加工食物的危险工具及设备。商业厨房所配备的复杂的专业设备必须小心使用，以免意外和伤亡发生。有效的沟通技能对于厨师来说也是非常重要的。一个专业的厨房是一个合作无间的地方，厨师团队专注于菜品食谱的准确并存档，同力备餐。厨师队伍的协调也是在短时间内提供高质量食物的关键。同时，厨房团队需与酒店或餐厅的其他部门紧密合作，有效地保证为客户提供整体的高质量服务。

随着饮食的全球化，厨师的足迹也遍布全球。高水平的厨师是紧缺的，他们有机会去全球各地旅行和工作。这就导致他们需要接受多元文化，特别是相关的餐饮需求和习俗方面。

2. 每队选手的数量

单选手竞赛项目。

3. 选手年龄限制

比赛当年选手的年龄不能超过22岁。

（二）相关性和重要性

竞赛规则包括了技能比赛的标准、评分方法，以此来指导整个比赛的过程。

每位专家及选手必须要了解和理解竞赛规则和技术说明。

（三）相关文档

由于技术说明仅包含了比赛项目特定的信息，所以在使用时，必须与以下文档相结合：

1. 世界技能大赛竞赛规则
2. 世界技能大赛标准规范框架
3. 世界技能大赛评分策略
4. 竞赛规则所提到的世界技能大赛在线资源

二、世界技能大赛标准规范（WSSS）详述

（一）世界技能大赛一般准则

世界技能大赛标准规范是定义了国际上最好的技术和职业实操的知识。它共享了一个全球性的代表工业及商业领域的标准。

据世界技能大赛标准规范的描述，技能比赛的目的是最大限度地反映国际最优秀的技能操作，是培训及备赛的指导性文件。

在技能比赛中，知识与理解的考核将会被操作过程中表现考核所代替。

标准规则按其分配的每一个部分反映其权重的百分比，总分是100分。

评分表和试题只对标准规范中规定的技能项目进行考评，它们将在技能大赛规定的范围内尽可能全面地反映标准规则。评分表和试题按最大操作程度对标准规则进行分数分配。假如修改不会改变标准规范权重分配的话，百分之五的修改是允许的。

（二）世赛标准规范

类　别		相关重要性（%）
1	工作组织和管理	5
	选手需要了解并掌握： ◎所有商业内部规定 ◎酒店和餐厅服务行业的组织和框架 ◎有效团队合作的重要性 ◎烹饪专业厨具和工具的使用方法和维护保养 ◎在商业环境中，专业厨师制定菜单和做菜的能力 ◎职业持续发展的重要性，在餐饮艺术行业内，保持现代潮流趋势 ◎在相关限制和满足预算的情况下，为不同场合、需求和客户设计均衡菜单的能力	
	选手应该具备的基本能力： ◎即使在高压的情况下，整个制作过程中仍能保证质量标准 ◎规划单一菜品和整个菜单的工作安排。为个人及他人工作制订每日计划 ◎上菜前协调所有准备工作（备菜区）	

续表

类　别		相关重要性（%）
	◎区分任务的重要程度，从高到低地安排工作 ◎优化工作流程 ◎在厨房的所有工作区域发挥有效作用 ◎对时间和员工资源进行说明 ◎发现问题，处理问题，并与团队找出解决方案 ◎在使用烹饪设备时，应用节能方法 ◎熟悉并能正确安全地使用所有商业型厨房设备和技术 ◎简单地描写和出售菜单物品，须符合法律法规 ◎对不可预估的情况保持响应性和灵活性 ◎依据环境调整工作方法，成为团队中的有效一员 ◎对操作程序提供改进意见 ◎依据个人想法设计和改善菜谱，并进一步开发菜谱 ◎对食材有自己的感觉和理解，并有能力在无菜谱的情况下烹饪 ◎尊重食物，有效地节约资源 ◎具备自我评估能力，避免没有必要的压力 ◎独自设立目标，并达成目标 ◎负责个人职业提升发展	
2	**客户服务及沟通**	5
	选手需要了解并掌握： ◎不同食物的种类、风格及特点，并能正确使用 ◎不同食物的上菜方式对食物产生的影响 ◎菜单作为销售和沟通工具的重要性 ◎宣传资料和菜单展示的法律限制 ◎在大众场合和客户沟通中，着装的重要性 ◎与团队、客户、承包商（合作伙伴）有效沟通的重要性	

续表

	类　别	相关重要性（%）
	选手应该具备的基本能力： ◎注重个人整洁和外貌 ◎与同事、团队及客户保持有效沟通 ◎使用菜单作为销售和交流工具 ◎根据不同环境和客户，提供适当的食物上菜方式 ◎意识到酒店和餐饮行业是一个客户服务导向行业 ◎对管理层、同事和客户提供餐饮方面的建议和指导 ◎以目标导向的态度提出解决方法并进行讨论，最终达成统一的解决方案 ◎对餐饮推广进行规划和实施 ◎规划和实施上菜计时系统	
3	食品卫生、健康、安全及环境	15
	选手需要了解并掌握： ◎了解采购、储存、准备、烹饪、上菜的规则和好的习惯 ◎了解厨房安全操作、使用商业餐饮设备的规定和好的习惯 ◎食物变质的原因 ◎储存食物的质量指标	
	选手应该具备的基本能力： ◎对食物储存、准备、烹饪和服务危害分析与临界点控制 ◎对所有食物进行安全卫生地储存 ◎保证所有的工作区域都是最高标准的干净卫生 ◎将商业内部危害分析的临界控制点概念应用到最终的细节去 ◎安全工作，遵守大事故预防规定 ◎在厂商说明书指引下安全地使用所有的工具和设备 ◎确保健康、安全的工作环境和食物安全卫生的操作	

续表

类别		相关重要性(%)
4	食材和菜单知识提升	5
	选手需要了解并掌握： ◎食材的市场价格，以及价格与质量的关联性 ◎烹饪中使用的食材的特性和类型 ◎产品季节性供应和价格 ◎产品质量、菜单多样性、烹饪水平的关联性 ◎食材营养特性 ◎烹饪方法对物理营养的影响 ◎某些进口食材的规定和限制 ◎菜单的类型和风格 ◎菜单编制、设计的均衡性 ◎采购原材时环境可持续性和道德问题的考虑 ◎文化、信仰、过敏、偏执、习俗的差异对饮食和烹饪的影响	
	选手应该具备的基本能力： ◎对食材和设备的采购提出意见 ◎为不同的菜单、预算和情况选择合适的产品质量标准 ◎认识和遵循食材标签规定 ◎为了能达到客户的期许和要求，应用营养原则 ◎辨识食材的质量状态，识别食材的质量和新鲜度的表现，例如：外观、香味、结构等 ◎评估和拒绝次等食品 ◎为特色餐挑选合适的产品 ◎为多样的情况和场合制作菜单 ◎精准完成菜单准备工作，并说明食物信息和过敏情况 ◎多种场合和环境下的菜单制作	

续表

类　别		相关重要性(%)
5	食材准备	20
	选手需要了解并掌握： ◎家禽的身体构造，肉类、家禽等的所有切割部位 ◎屠杀和烹饪肉类的准备方法 ◎肉类和家禽的范围，以及它们的最佳用途 ◎用于烹饪的肉类、家禽等的一般切割方法 ◎可用鱼类、贝壳类的范围，以及它们相应的用途 ◎烹饪鱼类的切割方法 ◎烹饪鱼类、贝壳类的准备方法 ◎水果、沙拉、蔬菜等的使用范围，以及用于烹饪的准备方法和用途 ◎蔬菜的切割方法及蔬菜的用途 ◎制作高汤、汤、酱汁的方法及用途 ◎制作面食，烘焙产品和甜点的方法 ◎制作面团及其他淀粉类产品的方法 ◎用于屠宰、杀鱼和食材准备的设备和工具 ◎刀具的安全使用和维护	
	选手应该具备的基本能力： ◎正确地计算、检测和称重产品 ◎卓越地应用刀具的技能，掌握一般的切割技巧 ◎对肉类、家禽等去骨、切割，准备用于进一步烹饪 ◎对肉类、家禽等进行修整与捆扎 ◎对肉类进行准备、切块和切片 ◎对整条鱼进行处理用于烹饪。包括去鳞、去除内脏和切片 ◎准备大众接受的鱼部位用于下一步处理和烹饪 ◎准备高汤、汤、酱汁、腌汁、佐餐菜和沙拉调料 ◎完整完成菜单备菜区的规划	

续表

	类　别	相关重要性(%)
	◎独立处理备菜区的能力 ◎未使用的备菜区作为他用 ◎做好面食、烘焙产品及甜品的准备工作 ◎制作多样的面食和其他淀粉类食品	
6	烹饪方法的应用	15
	选手需要了解并掌握： ◎烹饪方法范围及各种食材在菜单中的恰当用法 ◎食材的烹饪效果 ◎用于专业烹饪的酱汁类型，以及制作酱汁的规则 ◎用于专业烹饪的汤，以及制作汤的规则 ◎经典配菜及其向基础菜的延伸	
	选手应该具备的基本能力： ◎烹饪方法选择合适的烹饪设备 ◎对每种食材使用正确的烹饪方法 ◎熟练使用各种烹饪方法 ◎计算烹饪时间 ◎组合和应用多种烹饪方法 ◎计算烹饪时产生的缩水度 ◎食材、准备方法和摆盘技术完美融合 ◎准备方法与烹饪水平一致 ◎遵循食谱，适当调整，依据需要的餐具计算食材量 ◎组合各种食材以达到所需的结果 ◎完成各种菜，包括： ⊙汤和酱汁 ⊙头盘（热／冷） ⊙沙拉及冷餐或开胃菜 ⊙鱼类及贝壳类	

续表

类　别		相关重要性(%)
	⊙肉类、家禽类等 ⊙蔬菜及素食 ⊙特色菜及国际菜 ⊙米饭及面食 ⊙蛋类菜品 ⊙糕点、烘焙类、糖果、甜点 ◎结合食材准备和烹制复杂的菜品，设计潮流创新菜 ◎根据菜谱准备区域性、国家级和国际级美食 ◎准备各种菜品，包括：早餐、午餐、下午茶、傍晚茶及晚餐 ◎应用现代科技和方法制作食物	
7	准备及展示美食	25
	选手需要了解并掌握： ◎展示食物作为用餐过程中的重要性 ◎上菜盘、碟及其他展示设备 ◎食品展示的趋势 ◎食品上菜的风格，以及它们对菜品展示的影响 ◎传统菜品所能接受的装饰性配菜和佐餐菜 ◎在商业餐厅餐饮运营中菜量控制的重要性	
	选手应该具备的基本能力： ◎对食物进行分称以达到所需的份数 ◎澄清或稠化及提升汤品和酱汁 ◎制作和展示冷盘及沙拉 ◎自助餐的食物展示 ◎展示并有效使用菜品准备可接受的装饰性配菜 ◎根据上菜方法调整准备和摆盘风格 ◎专业地应用调味、香草和辛香料	

续表

	类 别	相关重要性(%)
	◎精确（或巧妙）地展示食物以便提升用餐体验及客户对食物的品味 ◎使用各种餐具展示食物，例如：平碟、汤盖碗、盘子等 ◎在合适的展示盘或碟上展示菜品，以提供有吸引力的、令人愉悦的外观 ◎制作多种面食	
8	食品采购、储存、成本及控制	10
	选手需要了解并掌握： ◎食材的季节性供应及其价格变化 ◎一般食材的采购过程 ◎本地、国内和国际供应商及优势 ◎支付和运输条件 ◎采购商品和设备的流程 ◎影响菜单价格的因素 ◎在食材成本的基础上计算菜品出售价的方法 ◎在准备食物时，经济和效率的重要性 ◎可持续发展重要性、环境影响和食材选择引起的碳排放问题解决方案。例如：食谱计划、菜单、商品系统、宴会系统等 ◎食品储存方法	
	选手应该具备的基本能力： ◎依据质量、服务、范围和价格选择供应商 ◎根据需求准备日常使用的食品 ◎根据业务需要，精准地购买所需的食品和消耗品 ◎保证从供应商获得最佳价钱、服务和质量 ◎完成采购清单，在线提交采购清单 ◎接收货品，查看所有的文件，确保在运输过程中产品质量在可接受的范围内 ◎正确储存所有的新鲜、冷藏、冰冻及室温食品，确保其保持在适当的温度和环境	

续表

类　别		相关重要性（%）
	◎计算储存损失 ◎预估储存成本 ◎保持采购订单和储存能力一致 ◎手工或使用电脑完成采购、控制和库存记录 ◎计算材料成本及售价以达到厨房所需成本控制，调整食品生产中分量的控制以保持所需的利润空间 ◎正确估计、准备所需的食品数量，合理订购，控制浪费	
合　计		100

三、评分策略和规范

评分是按照世界技能评分规则来进行的，评分规则设定了世界技能评分必须遵守的原则与技巧。

专家对实操的评估是世界技能大赛的核心。正因如此,它成为了一个持续发展和备受关注的专业课题。评估水平的提高将预示着世界技能大赛未来使用主要评估工具的发展方向。世界技能大赛使用的是：评分方案、试题以及竞赛信息系统。

世界技能大赛的评估分为两大类型：测量与评判。对于两种评估类型，使用明确的评判标准是对确保评估质量至关重要的。

评分方案必须遵循标准规范中的权重；技能竞赛试题是评估的载体，同样遵循着标准规范；竞赛信息系统能够及时准确地记录分数，并具有扩展支持能力。

评分方案的大纲将会引领试题设计过程，在这之后，评分方案和试题将通过迭代过程设计和开发，以确保两者的关系依据标准规范和评估规则同时得以优化，它们将由专家一致同意并提交到世界技能组织集体批准，这样做是为了确保它们的测量并与标准规范相符。

在向世界技能组织递交报告之前，充分使用竞赛信息系统，就评分方案和试题与技能顾问保持沟通联系。

四、评分方案

（一）通用指南

通用指南描述了评分方案的角色和地位，用于评估选手完成试题任务的工作展示，以及用于评分的流程和要求。

评分方案是世界技能大赛的关键工具，因为它与评估和各工种的标准有关。评分方案被设计成给完成每个任务的评估点（与标准规范中权重相一致）。

基于各工种的特点和评估本身的需求，评分方案确立了题目设计参数，适合把评分方案分为更多的细节引导试题开发。另外，最初的试题设计可以在评分方案框架上进行。试题初步设计之后，评分方案和试题应该在一起开发。

如果没有可行办法，评分方案和试题可能会从标准规程给出的权重中偏离的程度（可有5%的变量）。

评分方案和试题可能由一位、几位或全部专家完成。细节部分和最终评分方案及试题在递交给技能项目经理之前必须经过整个专家团同意。例外情况是那些使用了外部设计者开发评分方案和试题的技能竞赛。

此外，比赛前，鼓励专家及外部设计者递交评分方案和试题进行讨论，以避免在下阶段出现问题。在比赛中期阶段，建议专家与竞赛信息系统团队协同工作，以便在竞赛信息系统操作下受益。

在所有情况下，完成和通过的评分方案必须在比赛前八个星期使用竞赛信息系统标准电子表格或其他认可的方法，录入竞赛信息系统。技能项目经理负责此项工作。

（二）评分标准

评分方案的主标题就是评分标准，这些标题是从试题关联内容中派生出来的。在一些技能竞赛项目中，评分标准可能与标准规范中的标题内容相似；另外一些项目则会完全不同。一般来说，评分方案会有五到九项评分标准，无论是否与标题匹配，评分方案必须反映标准规范中的权重。

评分标准由开发评分方案的人设立，他们可以自由地界定他们认为最适合试题的评估和打分的标准。每个评估标准按字母界定（A–I）。

建议在技术文件中不具体规定评分标准、分数配置和评分方法。由竞赛信息系统生成的分数汇总表将包含一栏评估标准。

分配给每个标准的分数将由竞赛信息系统计算。分数将是评估标准内的每个评分的累积汇总。

（三）副标准

每个评估标准分为一个或多个副标准，每个副标准成为技能竞赛评分表的标题。

每个评分表（副标准）包含被测量和判断评分的各个项目。部分副标准有测量和判断评分项目，这样这个评分项目就既有测量评分表又有判断评分表。每个评分表（副标准）有它指定使用的日期和评分队伍的标示。

（四）评分项目

每一个评分项目详细地界定了一个被评估项目的内容，以及该项目的分数和如何打分。评分项目通过测量或判断打分。测量和判断评分项目出现在相应的评分表中。评分表详细地列出了需要分数汇总的每一个评分项目，包括在标准说明中技能部分的参考分数。分配给每个评分项目的分数汇总必须在标准说明技能部分指定的分数范围内。比赛前八周展示评分方案时，这将显示在竞赛信息系统的分数分配表上，见下表格式。

		CRITERIA								TOTAL MARKS PER SECTION	WSSS MARKS PER SECTION	VARIANCE
		A	B	C	D	E	F	G	H			
STANDARDS SPECIFICATION SECTION	1	5.0								5.0	5.0	0.0
	2		2.0					7.5		9.5	10.0	0.5
	3								11.0	10.0	10.0	1.0
	4			5.0						5.0	5.0	0.0
	5				10.0	10.0	10.0			30.0	30.0	0.0
	6		8.0	5.0				2.5	9.0	24.5	25.0	0.5
	7			10.0				5.0		15.0	15.0	0.0
TOTAL MARKS		5.0	10.0	20.0	10.0	10.0	10.0	15.0	20.0	100.0	100.0	2.0

（五）评分

无论是打测量、判断分或者两者都打，评分的队伍必须给所有的选手打分。打分队伍必须避免专家给本国选手打分。

（六）判断分数

判断分采用0~3分制。打分须严格及有连贯性，判断分应使用如下方法评判。

每个项目有详细的打分指导标准（文字、图像、人工仿品或单独的指导笔记）：

0：低于行业标准；

1：符合行业标准；

2：符合行业标准，部分高于行业标准；

3：完全超过行业标准，被认为是非常好。

需要3名裁判打分，为了避免为本国选手打分，可能需要第四名裁判（各项目组组长）。

（七）测量分数三位专家打分

除了最高分或零分以外，其他分数的标准将在打分标准中界定。

（八）评分方案设计时，评分标准和评分方法的选择

评分方案根据技术文件规定的标准，设定对试题测评的标准。

（九）竞赛技能评估规范

项目评分标准清晰简洁地解释了项目规范评分。违反评判标准的评分项目就会有部分分数被扣除，扣除分数的多少取决于评分项目。评分项目列在评分表上。

1. 工作组织和管理

工作规划和工作流程，优先协调厨房的工作任务。

2. 顾客服务和交流

个人外貌（包括穿衣规定），个人及工作台的管理和清洁，上菜时间不拖沓，菜单展示菜品内容。

3. 食品卫生、健康、安全和环境评分标准

存储安全，准备、烹饪和上菜，工作台安全、使用工具和设备安全中的事故预防。

4. 食材及菜单开发标准

菜单描述符合菜单标准，菜单描述体现在菜品上。

5. 食材准备

计算、测量、称重食材的正确量，刀工和准备技巧，原材料和准备食材垃圾控制（包括准备过多、过度修剪、垃圾桶的垃圾量过多）。

6. 烹饪技能

正确使用各种烹饪技巧来做各种菜，不同烹饪技术标准下的成品，烹饪食材的浪费控制（变质、烧焦、浪费等）。

7. 菜品呈现

分量控制，口感和调味，视觉呈现外观、质地、风格和创意，食材搭配协调，符合上菜标准要求。

8. 食物购买、存储、成本和控制

选择、订购食品来达到菜单要求，接收及检查食物，正确存储食物，为控制浪费，不要过多选择、订购食物。

（十）技能评分过程

每个评分队伍都有一名队长，队长由首席专家和副首席专家评选得出。

在比赛过程中，各专家将根据其职责在所有区域进行地面评分和盲品评分。评分安排在为期四天的比赛中（有时间表）。专家不可对同一模块同时进行测量和判断评分。

专家们必须做好笔记，并在评分时展示，以说明他们在给予/扣除分数方面的正当理由。

首席专家和副首席专家讨论并将专家分成小组。分组通常根据世界技能竞赛经验、文化和专家语言分组。在评分中，主观分的分数权重应该在所有专家之间平分或尽可能均匀。

上菜时间不可有延误。应在指定的时间内上菜，合计10分钟（允许提前或延后 5 分钟的宽限时间）。在5分钟的宽限期后，还可额外给5分钟的时间，但由此会对选手扣分。这之后，将取消对该菜的展示和盲品评分。

盲品专家在该模块进行过程中，须留在盲品室，只有在得到首席专家或副首席专家许可的情况下，以群组为单位才能离开盲品室。当专家走出盲品室时，必须远离选手操作区域，确保专家不接触选手与其操作的菜品。盲品专家必须在上菜前30分钟回到盲品室。

判断评分之间的差异最多只能为1分，否则需要拿着书面记录讨论。首席专家会就差异问题提出意见，并要求有关专家进行重新评分。第三方独立评分要具体看世界技能大赛组织的安排。

五、试题

（一）注意事项

无论试题是一个实体，或是一系列单独运行的或有联系的模块，都能在世界技能组织标准规范（WSSS）的每一节里进行技能评估。

试题的目的是为评估和打分提供全面、平衡的机会。试题、评分方案和标准说明的关系将是题目质量高低的关键指标。

试题不包含标准说明以外的内容，也不影响标准说明以内的分值平衡。

试题在具体应用中评估选手对知识的理解。

试题不对世界技能大赛的规章制度的知识进行评估。

与标准说明相关的全面范围的评估，技术说明将详细列出所有影响试题质量的情况。

（二）试题的格式与框架

在为期4天的时间内，将以轮换模块形式进行烹饪测试项目，总项目时间为16小时。竞赛厨房模块轮位，将由首席专家在比赛开始前抽签完成。

如果试题是需要8小时的模块，选手的午餐时间必须减少30分钟。

所有参赛选手都要经历试题中的模块，并对他们经历的4天比赛进行投票——每天完成一个模块。

所有的选手将在赛前2天（C-2①）以抽签的形式分为两组。一组为早上组，另一组为下午组。在同一天内比赛的两组选手将使用相同的神秘食材。

模块使用的神秘食材将在赛前2天（C-2）由专家投票决定。场地经理将为每份神秘食材准备3种食材以供专家决定。

所有食品准备工作将根据试题指定的时间开始。参赛选手不允许在比赛前做任何准备，不得携带任何自己的食材。

试题必须包括食材清单（目的是确保食材的国际标准化）。为了不要过多地预订、实现可持续目标和方便场地经理寻找食材，试题必须包括：

固定食材的黑盒子（比赛前3个月向选手公布）；主要食材、香草料、香辛料的常用清单（比赛前3个月向选手公布）；主办国特定的食材（10种食材，赛

① C-2：表示赛前2天。C-1表示赛前1天。依此类推。

前2天选择5种）；神秘食材（C-2选择）。

（三）试题的设计要求

在竞赛信息系统团队的支持下，专家对试题、评分标准，对主观和客观评分的比例差进行决定和投票。专家与场地经理一起准备材料清单和所需餐具。

在4天的比赛中，选手必须完成试题的任务，安排如下：

●模块1（Module 1）=准备、备菜、上菜共4小时；

●模块2（Module 2）=准备、备菜、上菜共4小时；

●模块3（Module 3）=准备、备菜、上菜共4小时；

●模块4（Module 4）=准备、备菜、上菜共4小时。

所有的神秘食材或者神秘烹饪方法都将在试题中标为“mystery”。

选手在每个模块开始前，将会有15分钟不记入比赛时间，可以用于准备他们厨房里的工具和设备。在这段时间内，不可进行食材准备或者烹饪。

在每个备菜模块开始时，选手将收到一个基础盒（一盒根据模块所示预订的食材）。

1. 食材清单

所公布的食材清单由技能管理团队设定。它作为下一届比赛的参考，并被列入下一届比赛的试题提案（该清单将作为材料采购的指南，将由场地经理最终完成采购）。

场地经理必须为公共桌子提交10种额外的主办地特定食材，反映主办国或地区使用的一些常见食品。选手在赛前2天必须选择5种。

最终的采购清单将在赛前90天公布给专家和选手，对模糊食材，将公布一些基本的数码照片。 在比赛前4个星期，首席专家在论坛上对不在列的额外食材提出申请供考虑。

每个模块开始后，选手不可向场地经理进一步要求食材或器材，否则进行相应的扣分。

2. 神秘食材

神秘食材由项目经理和首席专家及副首席专家商量确定后，在赛前2天向选手公布。

3. 食材/食品质量

由场地经理/竞赛组织者提供的所有材料，应具有高国际质量、高标准，大小及品质一致。

每名选手在准备/备菜前，将有15分钟的时间对照赛前提交的所需食材清单来检查和核准所收到的材料的质量和数量。如果质量和数量没有达到标准，选手可以要求首席专家或副首席专家解决这个问题。首席专家或副首席专家可以要求场地经理提供更多的数量或提供一些替代物。

4. 出品展示

烹饪好的菜品必须以专业和符合美学的方式摆放在设备清单上列明的盘子/碟子上。每轮比赛，所有专家都将对碟子进行评分。

5. 参考书目

Pauli Book是一种基本参考书目，可以用来解决程序中的争议，允许公开和公正，并设定一个最低标准，每位选手都将获得相同的信息。该比赛强调要在菜品表达上给予选手自主权和灵活性。

（四）试题开发

试题必须使用世界技能大赛所提供的模板来提交。使用Word模板用于编辑文字文档，使用DWG模板用于画图。

1. 谁来开发试题或模块

由技能项目经理来开发，并展示给所有专家和选手。

2. 如何开发试题或模块

赛前2天由技能项目经理将开发好的试题模块展示给专家和选手。

3. 试题开发进度表

试题将根据以下时间表进行开发，试题将在赛中由首席专家展示。可以更改30%的神秘食材。

时间	活动
比赛前	技能竞赛经理开发试题
C-2	首席专家展示试题

（五）试题有效性

试题模块的设计将与以往技能比赛的设备、设施以及更新了的设备清单保持一致，具备比赛的有效性。

（六）试题选择

试题/模块由技能项目经理选择，比赛前3个月提交给世界技能组织秘书处。

（七）试题公布

试题将会在比赛前3个月在世界技能组织网站上公布，同时公布的还有由场地经理提供的可供食品清单。

（八）试题协调（竞赛准备）

试题协调工作将由技能项目经理和竞赛主办方进行。

（九）赛中试题更改

试题在赛中需进行至少30%比例的更改。注意：神秘保留涵盖了大部分的更改。更改将在赛前2天由所有专家进行公布、讨论及投票。

（十）材料及制造商参数

用于选手完成试题的指定材料及制造商参数将由竞赛组委会提供,并在“基础设施”（www.worldskills.org/infrastructure）公布。

六、技能管理及沟通

（一）讨论论坛

比赛前，所有有关技能竞赛的讨论、沟通、协作和决策必须在技能论坛（http://forums.worldskills.org）进行。只有在论坛上进行的与技能相关的决定和沟通才有效。首席专家（或由首席专家提名的专家）担任本次论坛的主持人。

首席专家将在讨论论坛上创建一个决策登记帖。专家在论坛上辩论后，所有作出的决定必须在决策登记帖中记录，由首席专家以数字顺序对决策登记帖进行编号记录，该帖子是大家可访问的。专家负责检查决策登记帖，查看在比赛之前做出的所有决定。请专家不要在决策登记帖上进行争论，而应该在论坛上的其他帖子中进行讨论。

（二）竞赛信息

所有注册选手可在“选手中心”（www.worldskills.org/competitorcentre）查阅竞赛相关信息。

这些信息包括：竞赛规则技术文件，分数汇总表（如果有），试题（如果有），设备清单，世界技能大赛健康、安全和环境政策和制度，其他竞赛相关信息。

（三）试题及评分标准

公布的试题将可见于“竞赛试题”（www.worldskills.org/testprojects）及“选手中心”（www.worldskills.org/competitorcentre）。

（四）日常管理

在竞赛中的日常管理是依据由技能项目经理领导的技能管理团队制订的技能管理计划进行的。技能管理团队由技能项目经理、首席专家和副首席专家组成。技能管理计划在比赛前6个月逐步开发，并由专家在比赛时同意通过，最终在比赛中完成。技能管理计划可以查阅“专家中心”（www.worldskills.org/expertcentre）。

七、项目特有安全要求

参考世界技能大赛组织健康、安全及环境制度以及主办国或地区的法规，项目特有安全要求包括：每个厨房配备灭火毯、急救包，选手、专家实训制服。

要求所有的选手及专家遵守以下规定：

●白色长袖厨师衣；

●黑色或网格厨师裤子；

●黑色或白色封闭防滑鞋；

●白色厨师帽子；

●彩色围裙（仅能用于后厨备菜时）；

●白色围裙（可用于后厨备菜时，在上菜时必须使用）；

●在围裙上不要佩戴厨房的毛巾、抹布。

八、材料及设备

（一）设备清单

设备清单列明了所有由竞赛组委会提供的设备、材料及设施。

设备清单可见于“基础设施”（www.worldskills.org/infrastructure），竞赛组织者将逐步更新基础设施清单，具体说明项目的数量、类型、品牌和模型。

在每一场比赛中，专家必须审查和更新设备清单，为下一场比赛做好准备。专家必须就空间和设备上的增加情况向技能竞赛主任提供建议。

在每个比赛，技术观察员必须审查用于竞赛的设备清单。

设备清单不包括选手/专家需携带的物品，选手不允许携带的物品将会在下面章节中讲述。

（二）选手工具箱

1. 工具箱指导尺寸及测量

世界技能大赛的目标之一是竞赛的可持续性。因此，选手带来的工具箱有以下尺寸限定:

Box 1

长0.6m，宽（深）0.7m，高0.6m

合计：0.25m^3

两层6个GN1/1烤盘，即2×6个横向烤盘=12GN1/1。

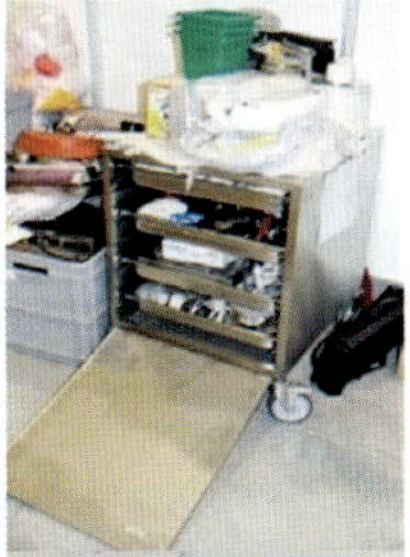

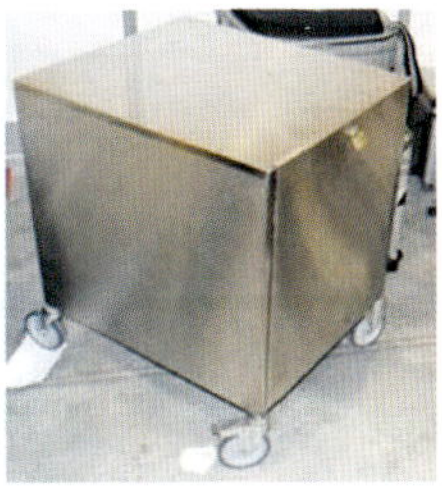

Box 2

长0.45m，宽（深）0.65m，高0.95m

合计：0.28m^3

一层12个GN1/1烤盘，即1×12个横向烤盘=12GN1/1。

每个设备（包括小工具箱）都必须完全存放在工具箱中。工具箱不得大于 $0.3m^3$。需有轮子，使它们易于移动。底部面积不得大于0.7m×0.7m。

2. 世界技能大赛厨房砧板代码

世界技能大赛厨房砧板颜色代码使用以下基础指引：

红色	生肉
蓝色	海鲜
黄色	生家禽
绿色	生蔬菜、水果
棕色	熟食类（任何烹饪过的食物）
白色	任何可以吃的面食、奶制品、面包、糕点、坚果类

3. 选手工具箱内的材料、设备及工具

（1）参赛者必须携带自己的个人用刀和基本厨师刀套装。

（2）仅允许选手携带设备清单上的物品。

（3）负责检查工具箱的专家团队将批准或不允许选手携带任何类似设备清单上的物品。负责检查工具箱的专家团队有权允许或不允许选手携带设备清单之外的任何物品，但有权要求其放在公共桌子上让大家一起使用。在比赛开始前一天，本国专家需要在公共餐桌上展示这些共享的物品。

（4）获准使用的设备必须放置在工具箱内，这些设备必须在工具箱检查开始时、比赛期间直到比赛结束都在工具箱内。

（5）每个工位只能放置一个工具箱。

（6）各个模块比赛中，工具箱不可移动。

（7）工具箱不可用于工作平台。

（8）选手可以使用桌面装饰品来装饰公共食物展示桌。展示桌仅可以用来展示盘/碟，不可用作工作空间或设备储存空间。

每个模块只有一个额外热源（低温热煮机或者料理机）。

（三）赛场禁用材料及设备

选手不得携带自己的或现场购买的原材料，如果在比赛中使用其他食物或添加剂，会被视为作弊。不得带自己的盘子、小碟子、镊子或勺子用于演示。不遵守规则会被取消参赛资格。

（四）场地和工位布局建议

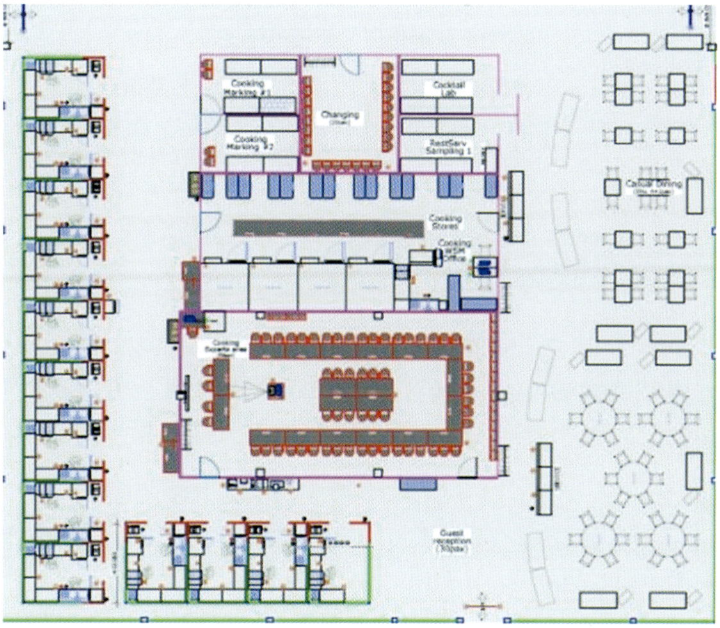

九、项目特有规则

项目特有规则不能与竞赛规则相冲突或超出竞赛规则。它们确切地提供了具体的细节，明确了项目与项目间不同的地方。这包括但不限于个人信息技术设备、数据存储设备、互联网接入、程序和工作流程，以及文档管理和分发。

项目特有规则

科技用品使用 ——USB，记忆棒	选手、专家及翻译可自行携带记忆棒（卡）到赛场，但是不使用时，须放在锁柜内，直到比赛第四天（C4[①]）结束
科技用品使用 ——个人手提电脑、平板电脑及手机	选手、专家和翻译可自行携带个人手提电脑、平板电脑及手机到赛场，但是不使用时，须放在锁柜内，直到比赛第四天结束。手机可每日结束后拿走
科技用品使用 ——个人照相、录影设备	选手、专家及翻译可自行携带个人照相、录影设备到赛场，但是不使用时，须放在锁柜内，直到比赛第四天结束
模板、辅助工具等	选手不可携带任何模板或辅助工具到赛场 允许选手带菜单规划、工作计划和菜谱到赛场
健康、安全和环境	请参考世界技能大赛健康、安全和环境规定和指导文件

十、参观者及媒体管理

以下是世界技能大赛组委会向参观者和媒体提供的一些信息服务：

●现场演示；

●展示屏；

① C4：表示比赛第四天。C1 表示比赛第一天，依此类推。

●试题描述；

●对选手工作的描述；

●选手介绍；

●职业前景介绍；

●每日竞赛状况报告；

●向参观者强调试题。

十一、可持续性发展

该项目强调以下可持续性原则：

●回收利用。

●使用“绿色”材料。

●大赛后使用完成的试题。

●共享工位（两名选手一个工位）。

●降低食物成本至最小化：仅订购所需要的食材，同时限制数量。

●选手的工具箱底部尺寸限制为最多占地0.7m×0.7m，超出规格的工具箱将被扣分。

●选手运输工具箱的木箱尺寸的限制，不可大大超过工具箱尺寸（如1.1 m ×1.1m），以便于工具箱往返运输。使用超出这些规格的木箱将被扣分。

●团队、选手和专家互送的礼物应该限制在每位选手和专家的一枚徽章与一张名片上。

十二、行业咨询的参考信息

世界技能组织致力于确保世界技能大赛标准规范，以充分反映国际公认的行业和商业最佳实操惯例的活力。

同时，世界技能组织也咨询参考了3个国际职业分类和数据库：

- ISCO-08：（http://www.ilo.org/public/english/bureau/stat/isco/isco08/）
- ESCO：（https://ec.europa.eu/esco/portal/home）
- O*NET OnLine（www.onetonline.org/）

下表显示了已联系的组织，在准备2019年喀山世界技能大赛中针对烹饪相关角色和世界技能标准规范描述给予了有价值的反馈。

组　　织	联系人
Hotel & Gastro Formation Switzerland	Jean-Claude Schmocker, Head, Professions

第二节　试题展示

一、试题介绍　Introduction to Test Project

以下是提交到世界技能组织建议试题中必须包含的部分或信息列表。

The following is a list of sections or information that must be included in all Test Project proposals that are submitted to WorldSkills.

●目录含有试题所有的文档、图示和照片列表

Contents including list of all documents, drawings and photographs that make up the Test Project

●概述

Introduction/Overview

●试题和任务简介

Short description of project and tasks

●选手参赛须知

Instructions to the Competitor

●完成试题所需的设备、器械、装置及物料

Equipment, machinery, installations and materials required to complete the Test Project

●评分方案（包括评分标准）

Marking scheme（incl. assessment criteria）

●其他

Other

二、介绍 Introduction

●烹饪项目4天的比赛采用模块轮换制，整个比赛时长16小时。首席专家在比赛前通过抽签决定厨房模块轮换系统。

The Test Project for Cooking will be carried out in rotating modular format over a 4-day period, total project time is 16 hours. The competition kitchen module rotation system will be finalized by means of a draw by the Chief Expert prior to the commencement of the competition.

●在4天的比赛中，所有选手参加4个模块的比赛，见时间管理计划（赛程）。

All Competitors compete in the 4 modules over the 4 days as seen in the time management plan.

●每个比赛日，参赛的两组选手都有共同的神秘食材。

The two groups of Competitors will have the same mystery ingredients supplied on each competition day.

●比赛前两天，专家抽签选择模块对应的神秘食材或食谱。技能管理团队（技能项目经理、首席专家、副首席专家）会针对每种食材提供3个材料用来抽签。

The mystery ingredients or recipes of the modules will be chosen 2 days before the competition by a draw by the Experts. The SCM, CE and DCE will put together 3 items for the draw in each category.

●所有食材的准备工作会在一天内完成。

All food preparations will commence and conclude on the same day.

●每个比赛日公共桌子上都会提供公共食材。每个选手都得到同样的装有固定食材的“黑盒子”，选手在赛前两天选择的5种主办国特定的食材在比赛的第一天提供。

A common table ingredients list will be available for all days of the competition. Each Competitor will receive the same Black Box of set ingredients and will chose 5 host-specific ingredients on Day C-2, which will be supplied on Day C1.

●神秘食材会在需要的时候提供。

A mystery component will be provided where needed.

●为了使烹饪项目比赛更加顺利和平稳地进行，同时考虑到环境因素，确保所有的选手和专家在世界技能大赛中都公开、公正，技能管理团队对试题进行了调整，给选手最好机会烹饪和展示高质量的菜品；专家也能有更多的时间对更少的菜品进行打分。

In order to make the Cooking competition smoother and more consistent, as well as taking the environment into consideration, and being sure that all Competitors and Experts observe transparency and fairness during their work, the TP tasks have been re-structured in a way that will give the Competitors the best chance of producing and delivering higher quality plates. The Experts will also have more time, and fewer plates to judge.

●为了减少选手在准备过程中的困惑，我们给每个模块备注了更详细的信息和词汇表。

We have also given more detailed information for each Module, as well as a glossary, to make sure there is less confusion during preparations.

三、试题和任务描述 Description of project and tasks

（一）模块 1—4 小时 Module1 – 4 hours total

模块 A 和 B 两部分的时间总计 4 小时。

4 hours kitchen time in total includes parts A and B.

C1	Part A	备菜 Mise en Place	Skill 34
描述 Description		比赛第一天在备菜区为接下来的三天比赛做准备 You are required to prepare mise en place on Day C1 for the next three competition days ●比赛第一天提供选手在赛前两天选择的 5 种主办国的原料 On Day C-2 every Competitor will be required to choose five host-specific ingredients which will be given to you on Day C1 ●比赛前两天专家抽签 / 选择的主要神秘食材在比赛的第二、第三、第四天的比赛开始时提供。在需要时提供，而不是一开始就提供 On Day C-2 the Experts will draw/select the Main Mystery Ingredients which will only be supplied to you at the start of each specific competition day (C2, C3, C4) when they are required, not before ●比赛第一至第四天的公共食材部分参见附件一 There will be a Common Table available from Day C1 to C4. See Appendix 1 at the end of this document for the Common Table ●每个选手都会收到相同的装有用于后三天比赛的固定食材的“黑盒子”，无其他食材。详见附件二中“黑盒子”食材 Every Competitor will receive the same Black Box of set ingredients for use over the next 3 days. No other ingredients will be available. See Appendix 2 at the end of this document for the Black Box	

续表

C1	Part A	备菜 Mise en Place	Skill 34
		技能测试：在备菜过程中，要向裁判展示以下刀工，这些刀工还可能用在未来三天的比赛中 Skills Test: During the MEP, the following cuts need to be presented to the Judges, which may then be used over the next 3 competition days ●至少有 1 种蔬菜要切成 30 克的小丁 At least one vegetable needs to be cut to 30g Brunoise ●至少有 1 种蔬菜要切成 30 克的细丝 At least one vegetable needs to be cut to 30g Julienne ●至少有 1 种蔬菜要削成 4 个橄榄形 At least one vegetable needs to be turned (torn é), minimum 4 pieces. ●必须能够证明是根据工作计划 / 准备列表来操作的 You must show evidence of working to a workplan/prep-list ●台式水槽和冰箱必须有序、整洁 Counters sink and fridges must be organized and uncluttered ●必须干净、整洁，穿着得体、体面，在开始、任务期间和清洁结束后都要洗手 You must be clean, neat, well-groomed and presentable. You must wash hands at the start, between tasks, and at the end after cleaning ●干净、整洁、有效率。5 分钟内清理所有的溢出物 You must work clean, neatly and efficiently. Any spills need to be cleaned up within 5 minutes ●安全工作，正确使用个人防护用品。任何不安全的操作都会被扣分 You must work safe, using the correct PPE any dangerous activities will be penalized	

续表

C1	Part A	备菜 Mise en Place	Skill 34
		●不能出现时间—温度滥用和交叉污染等错误，必须用勺子来试味 There must be no time-temperature abuse, no cross-contamination faults and tasting spoon protocols must be followed ●不得有滴漏污染，食品分开存放，所有准备的食材必须包装好并贴标签 There must be no drip-contamination, foods stored separately, and all preparation must be wrapped/covered and labelled ●不能有过多的浪费 There must be no excessive wastage	
上菜细节 Service Details		●有 1 个大概 50 升的塑料盒，用来储存备菜区食材和生鲜材料 You will get ONE plastic box, of approx. 50 L to store your mise en place and raw ingredients ●这个盒子须自行保管、收拾和使用 This box is your own responsibility, and you are responsible for how it is packed and arranged ●这个盒子上会贴上国家代码和选手姓名，会在每个比赛日之间锁在一个独立的冰箱内 The box will be labelled by country code and name and will be locked away in a separate fridge for the periods between each competition day ●整个模块时长 4 个小时，包含 3.5 小时准备（食材）和 0.5 小时规定的清洁工作。选手必须在 4 小时后带着他们的备菜盒一起离开，备菜盒会被收集起来并放在冰箱内过夜 The total module time is 4 hours, made up of 3 hours 30 minutes of preparation, and 30 minutes of compulsory clean down. The Competitor must leave the kitchen at 4 hours together with their mise en place box,which will be collected for placement into the fridge overnight	

续表

C1	Part A	备菜 Mise en Place	Skill 34
主要食材 Main ingredients		●在比赛第一天，B部分奶油蔬菜汤的原料、赛前两天选择主办方的特定食材、“黑盒子”食材和公共食材一起提供给选手 On Day C1, Part B “Cream of Vegetable Soup” ingredients will be given in addition to the host-specific ingredients chosen on Day C-2, the Black Box ingredients and the Common Table ingredients	

C1	Part B	奶油蔬菜汤 Cream of Vegetable Soup	Skill 34
描述 Description		**提供 4 盘奶油蔬菜汤** Prepare 4 plates of the dish “Cream of Vegetable Soup” ● 4 盘汤，冷热均可 Four plated portions of your interpretation of the dish, served hot or cold ●可以使用“黑盒子”或者特定食材中的任意蔬菜 Any vegetable can be used from the Black Box or from the chosen host specific ingredients ●每盘汤至少 150 毫升 Size recommendation will be minimum 150 ml per plate/dish ●每盘汤必须有装饰性的配菜 Each plate to be served with a garnish in the plate	
上菜细节 Service Details		●用提供的的汤盘上四份汤 Four plated portions to be served in the provided soup plates ●规定在 3.5 小时内上菜，选手可在规定的时间前后 5 分钟内上菜 Service time will be at 3 hours 30 minutes.The service window opens 5 minutes before service time and closes 5 minutes after service time ●整个模块 4 小时 ,3.5 小时准备（食物）和 0.5 小时的清洁时间。选手必须带着他们的备菜盒在 4 个小时后一起离开。备菜盒会被收集起来并放在冰箱内过夜 The total module time is 4 hours, made up of 3 hours 30 minutes of preparation, and 30 minutes of clean down. The Competitor must leave the kitchen at 4 hours together with their mise en place box, which will be collected for placement into the fridge overnight	

续表

C1	Part B	奶油蔬菜汤 Cream of Vegetable Soup	Skill 34
		●所有的备菜和生料必须放在一个比赛第一天提供的大约50升的塑料盒内。这个盒子须自行保管、收拾和安排使用。盒子会贴上国家代码和选手姓名，在每个比赛日之间锁在独立的冰箱内 All mise en place and raw ingredients must be stored in ONE plastic box,of approx. 50 L,given to you on Day C1.This box is your own responsibility,and you are responsible for how it is packed and arranged.The box will be labelled by country code and name,and will be locked away in a separate fridge for the periods between each competition day	
蔬菜汤的主要食材 Main Ingredients required for Vegetable Soup		**下列食材必须用在菜品中，食材额外提供** The following ingredients must be included in the dish and will be supplied extra ● 3 分升奶油 (300 毫升) 3 dl Cream ● 4 个鸡蛋 Four Eggs	
基础食材 Basic ingredients		●食材来源于主办方的特定食材、“黑盒子”食材和公共食材 Ingredients are available from the chosen host-specific ingredients, the Black Box ingredients and the Common Table ingredients	
所需特殊设备 Special equipment required		●不允许使用物料清单以外的设备 No other service equipment is permitted other than that provided as per the infrastructure List	

（二）模块 2—4 小时 Module2 – 4 hours total

C2	主菜：神秘肉类和香草料 Main Course with Mystery Meat &Herb	Skill 34
描述 Description	**准备主菜，要有单独的装饰配菜，适合 4 个人的点餐服务** Prepare a main course with individual garnish, suitable for a la carte service for four persons ●主菜盘子：31 厘米 Main Course to be served on a 31cm plate ● 4 盘主菜，每盘均包括选手选择的相同的 3 种蔬菜和 1 种淀粉类食物 All four plates to include the same three types of vegetables and 1 type of starch,of the choice of the Competitor ● 4 盘主菜，每盘均包括与主菜相适合的不少于 4 份的酱汁 All four plates to be served with a minimum of one sauce appropriate to the dish ● 4 盘主菜，每盘均须配有与主菜相适合的 4 份装饰配菜 All four plates to be served with one garnish appropriate to the dish ●每盘主菜必须体现至少两种烹饪方法，包括焗和水煮 On the plate, a minimum of TWO cooking methods must be evident including gratinating and poaching. ●所使用的香料必须体现在菜单描述和菜品上 The Herb must be evident in the Menu description and on the plate ●主要食材的最小尺寸 / 重量在赛前第二天确定（神秘肉类在赛前第二天抽签决定） Minimum size/weight of the main ingredient will be set on C–2(mystery meat will be drawn on C–2) ●选手必须按照烹饪计划进行操作 You must show evidence of working to a workplan/prep–list ●台式水槽和冰箱必须有序、整洁 Counters sink and fridges must be organized and uncluttered ●选手必须穿着得体、干净、整洁、体面。在任务开始、中间和清洁结束后要洗手 You must be clean, neat, well–groomed and presentable. You must wash hands at the start, between tasks, and at the end after cleaning	

续表

C2	主菜：神秘肉类和香草料 Main Course with Mystery Meat &Herb	Skill 34
	●选手必须干净、清洁和有效地工作。要在 5 分钟内清理所有的溢出物 You must work clean, neatly and efficiently.Any spills need to be cleaned up within 5 minutes ●选手必须进行安全操作，正确使用个人防护用品。任何不安全的操作都会被扣分 You must work safe, using the correct PPE—any dangerous activities will be penalized ●不能出现时间—温度滥用和交叉污染等错误，必须用勺子来试味 There must be no time-temperature abuse, no cross-contamination faults and tasting spoon protocols must be followed ●不得滴漏污染，食品分开存放，所有准备的食材必须包装好并贴标签 There must be no drip-contamination, foods stored separately, and all preparation must be wrapped/covered and labelled ●不能有过多的浪费 There must be no excessive wastage	
上菜细节 Service Details	●规定在 3.5 小时内上菜，选手可在规定的时间前后 5 分钟内上菜 Service time will be at 3 hours 30 minutes. The service window opens 5 minutes before service time and closes 5 minutes after service time ●整个模块 4 小时，3.5 小时烹饪和 0.5 小时的清洁时间。选手必须带着他们的备菜盒在 4 个小时后一起离开。备菜盒会被收集起来并放在冰箱内过夜 The total module time is 4 hours, made up of 3 hours 30 minutes of cooking, and 30 minutes of clean down. The Competitor must leave the kitchen at 4 hours together with their mise en place box, which will be collected for placement into the fridge overnight	

续表

C2	主菜：神秘肉类和香草料 Main Course with Mystery Meat &Herb	Skill 34
	●所有的备菜盒和生料必须放在一个比赛第一天提供的大约 50 升的塑料盒内。这个盒子须自行保管、收拾和安排使用。盒子会贴上国家代码和选手姓名，在每个比赛日之间锁在独立的冰箱内 All mise en place and raw ingredients must be stored in ONE plastic box,of approx.50 L, given to you on Day C1. This box is your own responsibility,and you are responsible for how it is packed and arranged. The box will be labelled by country code and name,and will be locked away in a separate fridge for the periods between each competition day ●主菜必须热着上菜，至少 60℃ Main Course must be served hot, at a minimum of 60℃ ● 4 份完整的主菜装在 4 个盘子里 Four complete main course portions served on four plates ●其中 3 份用于裁判品尝、打分 Three plates to be served for kitchen judging /tasting ● 1 份用于拍照和展示 One plate for photographs and display ●每份菜品都要有酱汁 Sauce to be served on each plate ●要为裁判提供一个单独的至少盛有 150 毫升酱汁的调味盅，用于打分 One sauce boat with a minimum of 150ml sauce to be served separately for the judges ●上菜时要有盖子 Dishes to be covered with a plate cloche on service	

续表

C2	主菜：神秘肉类和香草料 Main Course with Mystery Meat &Herb	Skill 34
神秘肉类所要求的主要食材 Main ingredients required for Mystery Meat	菜品必须包括： The dish must include: ●神秘肉类在赛前两天选择（比赛第二天提供） The Mystery Meat, supplied at the start of Day C2（selected on Day C-2） ●神秘香料在赛前两天选择（比赛第二天提供） The Mystery Herb, supplied at the start of Day C2（selected on Day C-2） ●选手选择的 3 种相同蔬菜，放在 4 个盘子上 The same three types of vegetables, of the Competitor's choice, on all four plates ● 4 盘主菜中都有同一种淀粉类食物 One type of the same starch, of Competitor's choice, on all four plates ● 4 盘主菜中，每盘均须配有与主菜相适合的酱汁 Minimum of one type of sauce, appropriate to the dish, on all four plates ● 4 盘主菜中，每盘均须配有与主菜相适合的装饰配菜 One type of garnish, appropriate to the dish, on all four plates	
基础食材 Basic ingredients	●在比赛前两天，每个选手选择 5 种主办国的特定食材，在比赛第一天提供 On Day C-2 every Competitor will be required to choose 5 host-specific ingredients which will be given to you on Day C1 ● 4 天比赛里每天都会有公共食材，见附件一 There will be a Common Table available from Day C1 to C4. See Appendix 1 at the end of this document for the Common Table ●每位选手都会收到一个相同的含有固定食材的“黑盒子”，再无其他食材。详见附件二“黑盒子”食材 Every Competitor will receive the same Black Box of set ingredients. No other ingredients will be available. See Appendix 2 at the end of this document for the Black Box ingredients	

续表

C2	主菜：神秘肉类和香草料 Main Course with Mystery Meat &Herb	Skill 34
所需特殊设备 Special equipment required	●不允许使用物料清单外的设备 No other service equipment is permitted other than that provided as per the infrastructure list	

（三）模块 3—4 小时 Module3 – 4 hours total

C3	主菜：神秘鱼类和辛香料 Main Course with Mystery Fish & Spice	Skill 34
描述 Description	**准备主菜，要有单独的装饰配菜，适合 4 个人的点餐服务** Prepare a main course with individual garnish, suitable for a la carte service for four persons ●主菜盘子：31 厘米 Main Course to be served on a 31cm plate ● 4 盘主菜，每盘均包括选手选择的相同的 3 种蔬菜和 1 种淀粉类食物 All four plates to include the same three types of vegetables and 1 type of starch,of the choice of the Competitor. ● 4 盘主菜，每盘均配有 1 种与主菜相适合的黄油汁 All four plates to be served with one butter sauce appropriate to the dish ● 4 盘主菜，每盘均须配有 1 种与主菜相适合的带馅的面食 All four plates to be served with one stuffed pasta garnish appropriate to the dish ●每盘主菜必须体现至少两种烹饪方法，包括煎和低压蒸 A minimum of TWO cooking methods must be evident on the plate including pan–frying and low–pressure steaming	

续表

C3	主菜：神秘鱼类和辛香料 Main Course with Mystery Fish & Spice	Skill 34
	●所使用的香料必须体现在菜单描述和菜品上 The Herb must be evident in the Menu description and on the plate ●主要食材的最小尺寸/重量在赛前第二天确定（神秘鱼类在赛前第二天确定） Minimum size/weight of the main ingredient will be set on Day C-2（mystery fish will be drawn on Day C-2） ●选手必须按照烹饪计划进行操作 You must show evidence of working to a work-plan/prep-list ●台式水槽和冰箱必须有序、整洁 Counters sink and fridges must be organized and uncluttered ●选手必须穿着得体、干净、整洁、体面。在任务开始、中间和清洁结束后要洗手 You must be clean, neat, well-groomed and presentable. You must wash hands at the start, between tasks, and at the end after cleaning ●选手必须干净、清洁和有效地工作。要在 5 分钟内清理所有的溢出物 You must work clean, neatly and efficiently.Any spills need to be cleaned up within 5 minutes ●选手必须进行安全操作，正确使用个人防护用品。任何不安全的操作都会被扣分 You must work safe, using the correct PPE—any dangerous activities will be penalized ●不能出现时间—温度滥用和交叉污染等错误，必须用勺子来试味 There must be no time-temperature abuse, no cross-contamination faults and tasting spoon protocols must be followed ●不得有滴漏污染，食品分开存放，所有准备的食材必须包装好并贴标签 There must be no drip-contamination, foods stored separately, and all preparation must be wrapped/covered and labelled. ●不能有过多的浪费 There must be no excessive wastage	

续表

C3	主菜：神秘鱼类和辛香料 Main Course with Mystery Fish & Spice	Skill 34
上菜细节 Service Details	●规定在3.5小时内上菜，选手可在规定的时间前后5分钟内上菜 Service time will be at 3 hours 30 minutes. The service window opens 5 minutes before service time and closes 5 minutes after service time ●整个模块4小时，3.5小时烹饪和0.5小时的清洁时间。选手必须带着他们的备菜盒在4个小时后一起离开。备菜盒会被收集起来并放在冰箱内过夜 The total module time is 4 hours, made up of 3 hours 30 minutes of cooking, and 30 minutes of clean down. The Competitor must leave the kitchen at 4 hours together with their mise en place box, which will be collected for placement into the fridge overnight ●所有的备菜盒和生料必须放在一个比赛第一天提供的大约50升的塑料盒内。这个盒子须自行保管、收拾和安排使用。盒子会贴上国家代码和选手姓名，在每个比赛日之间锁在独立的冰箱内 All mise en place and raw ingredients must be stored in ONE plastic box,of approx.50 L, given to you on Day C1. This box is your own responsibility,and you are responsible for how it is packed and arranged. The box will be labelled by country code and name,and will be locked away in a separate fridge for the periods between each competition day ●主菜必须热着上菜，至少60℃ Main Course must be served hot, at a minimum of 60℃ ● 4份完整的主菜装在4个盘子里 Four complete main course portions served on four plates ●其中3份用于裁判品尝、打分 Three plates to be served for kitchen judging /tasting	

续表

C3	主菜：神秘鱼类和辛香料 Main Course with Mystery Fish & Spice	Skill 34
	● 1 份用于拍照和展示 One plate for photographs and display ●每份菜品都要有酱汁 Sauce to be served on each plate. ●要为裁判提供一个单独的至少盛有 150 毫升酱汁的调味盅，用于打分 One sauce boat with a minimum of 150ml sauce to be served separately for the judges ●上菜时要有盖子 Dishes to be covered with a plate cloche on service	
主要食材 Main ingredients	菜品必须包括 The dish must include ●神秘鱼类在赛前两天选择（比赛第三天提供） The Mystery Fish, supplied at the start of Day C3（selected on Day C−2） ●神秘香料在赛前两天选择（比赛第三天提供） The Mystery Herb, supplied at the start of Day C3 （selected on Day C−2） ●选手选择的 3 种相同的蔬菜，放在 4 个盘子上 The same three types of vegetables, of the Competitor’s choice, on all four plates ● 4 盘主菜中都有同一种淀粉类食物 One type of the same starch, of Competitor’s choice, on all four plates ● 4 盘主菜中，每盘均须配有与主菜相适合的黄油汁 One type of butter sauce, appropriate to the dish, on all four plates ● 4 盘主菜中，每盘均须配有与主菜相适合的带馅面食 One type of stuffed pasta garnish, appropriate to the dish, on all four plates	

续表

C3	主菜：神秘鱼类和辛香料 Main Course with Mystery Fish & Spice	Skill 34
基础食材 Basic ingredients	●在比赛前两天，每个选手选择 5 种主办国的特定食材，在比赛第一天提供 On Day C-2 every Competitor will be required to choose 5 host-specific Ingredients which will be given to you on Day C1 ● 4 天比赛里每天都会有公共食材，见附件一 There will be a Common Table available from Day C1 to C4. See Appendix 1 at the end of this document for the Common Table ●每位选手都会收到一个相同的含有固定食材的“黑盒子”，再无其他食材。详见附件二“黑盒子”食材 Every Competitor will receive the same Black Box of set ingredients. No other ingredients will be available. See Appendix 2 at the end of this document for the Black Box ingredients	
所需特殊设备 Special equipment required	●不允许使用物料清单外的设备 No other service equipment is permitted other than that provided as per the infrastructure list	

（四）模块 4—4 小时　Module4 – 4 hours total

C4	甜品：神秘水果和坚果 Dessert with Mystery Fruit and Nut	Skill 34
描述 Description	准备主菜，要有单独的装饰配菜，适合 4 个人的点餐服务 Prepare a dessert with individual garnish，suitable for a la carte service for four persons ●甜品盘子：31cm Dessert to be served on a 31cm plate	

续表

C4	甜品：神秘水果和坚果 Dessert with Mystery Fruit and Nut	Skill 34
	● 4 盘甜品，每盘均包括选手选择的 1 种蛋糕和 1 种巧克力慕斯 All four plates to include one type of cake and one type of chocolate mousse, of the choice of the Competitor ● 4 盘甜品，每盘均配有 1 种酱汁 All four plates to be served with one sauce appropriate to the dish ● 4 盘甜品，每盘均须配有 1 份装饰物 All four plates to be served with one garnish appropriate to the dish ●每盘甜品必须明显展示出神秘水果和坚果 Mystery fruit and nut must be evident on the plate ●选手必须按照烹饪计划进行操作 You must show evidence of working to a workplan/prep-list ●台式水槽和冰箱必须有序、整洁 Counters sink and fridges must be organized and uncluttered ●选手必须穿着得体、干净、整洁、体面。在任务开始、中间和清洁结束后要洗手 You must be clean, neat, well-groomed and presentable. You must wash hands at the start, between tasks, and at the end after cleaning ●选手必须干净、清洁和有效地工作。要在 5 分钟内清理所有的溢出物 You must work clean, neatly and efficiently. Any spills need to be cleaned up within 5 minutes ●选手必须进行安全操作，正确使用个人防护用品。任何不安全的操作都会被扣分 You must work safe, using the correct PPE—any dangerous activities will be penalized ●不能出现时间—温度滥用和交叉污染等错误，必须用勺子来试味 There must be no time-temperature abuse, no cross-contamination faults and tasting spoon protocols must be followed	

续表

C4	甜品：神秘水果和坚果 Dessert with Mystery Fruit and Nut	Skill 34
	●不得有滴漏污染，食品分开存放，所有准备的食材必须包装好并贴标签 There must be no drip-contamination, foods stored separately, and all preparation must be wrapped/covered and labelled ●不能有过多的浪费 There must be no excessive wastage	
上菜细节 Service Details	●规定在 3.5 小时内上菜，选手可在规定的时间前后 5 分钟内上菜 Service time will be at 3 hours 30 minutes. The service window opens 5 minutes before service time and closes 5 minutes after service time ●整个模块 4 小时，3.5 小时烹饪和 0.5 小时的清洁时间。选手必须带着他们的备菜盒在 4 个小时后一起离开。备菜盒会被收集起来并放在冰箱内过夜 The total module time is 4 hours, made up of 3 hours 30 minutes of cooking, and 30 minutes of clean down. The Competitor must leave the kitchen at 4 hours together with their mise en place box, which will be collected for placement into the fridge overnight ●所有的备菜盒和生料必须放在一个比赛第一天提供的大约 50 升的塑料盒内。这个盒子须自行保管、收拾和安排使用。盒子会贴上国家代码和选手姓名，在每个比赛日之前锁在独立的冰箱内 All mise en place and raw ingredients must be stored in ONE plastic box,of approx.50 L, given to you on Day C1. This box is your own responsibility,and you are responsible for how it is packed and arranged. The box will be labelled by country code and name,and will be locked away in a separate fridge for the periods between each competition day ●蛋糕必须温着上，至少 30℃ The cake must be served warm, at a minimum of 30℃ ● 4 份完整的甜品装在 4 个盘子里 Four complete dessert portions served on 4 plates	

续表

C4	甜品：神秘水果和坚果 Dessert with Mystery Fruit and Nut	Skill 34
	●其中 3 份用于裁判品尝、打分 Three plates to be served for Kitchen judging /tasting ● 1 份用于拍照和展示 One plate for photographs and display ●每份甜品都要有酱汁 Sauce to be served on each plate ●要为裁判提供一个单独的至少盛有 150 毫升酱汁的调味盅，用于打分 One sauce boat with a minimum of 150ml sauce to be served separately for the judges ●上甜品时要有盖子 Dishes to be covered with a plate cloche on service	
神秘水果和坚果的主要食材 Main ingredients required for Mystery Fruit	**甜品必须包括** **The dish must include** ●神秘水果，在赛前两天选择（比赛第四天提供） The Mystery Fruit, supplied at the start of Day C4 (selected on Day C−2) ●神秘坚果，在赛前两天选择（比赛第四天提供） The Mystery Nut, supplied at the start of Day C4 (selected on Day C−2) ● 4 份甜品中，每盘均要有一种蛋糕 One type of cake on all four plates ● 4 份甜品中，每盘均要有一种巧克力慕斯 One type of chocolate mousse on all four plates ● 4 盘甜品中，每盘均要有 1 份酱汁 One type of sauce, appropriate to the dish, on all four plates	
所需特殊设备 Special equipment required	●不允许使用物料清单外的设备 No other service equipment is permitted other than that provided as per the infrastructure list	

四、词汇表 Glossary

专用词汇 Glossary	描 述 Describe
小丁 Brunoise	小丁的立方体尺寸为 3~5 毫米，表面均匀，形状统一 A cube cut, small dice of 3mm–5mm in size, equal sides (faces) and uniform in shape
黄油酱汁 Butter Sauce	热的黄油酱汁，是否乳化均可 A hot sauce made with butter, which can be emulsified or not
蛋糕 Cake	蛋糕的制作会用到面粉和糖，有时会用到黄油、鸡蛋和泡打粉或酵母 A preparation involving a mixture of flour and sugar, sometimes with butter, eggs and/or baking powder or yeast
巧克力慕斯 Chocolate Mousse	巧克力慕斯是由巧克力、蛋和 / 或打发的奶油，含有或不含有明胶均可 A chocolate, egg and/or cream set foam, with or without gelatine
装饰配菜 Garnish	配菜是用来装饰或点缀，尺寸小，不是简单的香草、花或叶子 A decorative/ornamental item, small in size, and not simply herbs, flowers or leaves
焗 Gratinating	一种干加工方法，一般是在菜品表面撒 / 淋上奶酪、酱汁、面包屑或者切碎的坚果进行烘烤。形成褐色的硬皮，一般也会形成一些深色的气泡或斑点 A dry finishing method to create a browned crust on a dish usually by grilling with added cheese, sauce, breadcrumbs or finely chopped nuts. There is usually evidence of a little bubbling, blackened spots and marks
细丝 Julienne	细丝呈条状，火柴棍大小，宽 3~5 毫米，长 5~7 厘米，形状均匀 A strip cut, matchstick sized, 3mm–5mm in width and breadth,and 5cm–7cm in length, equal and uniform in shape
低压蒸 Low–pressure Steaming	一种在常压下使用蒸汽的湿烹饪方法（不是用高压锅进行高压蒸煮）。一般会使食物变软但不会变形，要有嚼劲 A moist cooking method applying steam at normal atmospheric pressure (not high–pressure steaming using a pressure cooker).There is usually evidence of softening without losing shape, and a firm–to the–bite (al dente) texture

续表

专用词汇 Glossary	描　述 Describe
煎 Pan-frying (Po ê l é e)	一种干烹饪方法，在煎锅内使用适量的热油或油脂进行烹饪。煎后食材质地酥脆，留有少量油脂 A dry cooking method using a sufficient quantity of pre-heated oil or fat in a shallow frying pan. There is usually evidence of a crisp texture with a little residual oiliness
水煮 Poaching	一种文火煮的湿烹饪方法。可以加大量液体深煮，也可以加适量液体浅煮。温度保持在 70℃ ~90℃，低于沸水点。用来煮的液体包括水、高汤、牛奶、红酒或油，一般在煮锅或调汁锅内操作。煮的时候看不到气泡或只能见很小的气泡——绝对到不了大气泡沸腾的状态。煮后的食材一般会软化但不会变形 A moist gentle simmering method of cooking,covering food items either in a lot of liquid (deep poaching) or sufficient liquid (shallow poaching),below boiling point （70℃ ~90℃ ）,usually in water,stock, milk, wine or oil，usually in a pot or saucepan where no bubbles or very small bubbles are visible—and it never comes to the boil (large bubbles).There is usually evidence of softening without losing shape
带馅面食 Stuffed Pasta	面团由粗粒小麦粉和鸡蛋制作而成。烹饪时不能露馅或者变形，要有嚼劲 A dough made from Semolina flour and eggs. When cooked it should not leak or lose shape and should have a firm-to-the-bite (al dente) texture
削橄榄形 Torn é /Turned	用桶形切割方式切成 5 个或 7 个相同的面，中间粗，向两端逐渐变细 A barrel-shaped cut, with either 5 or 7 equal sides, tapering down to 2 distinct ends

附件一：公共桌面食材　Common table ingredients

无限量供应　Available in unlimited quantities

香料 Spices	鲜香草料 Fresh Herbs
咖 喱 粉　Curry powder	平叶荷兰芹　Flat Parsley
黑 胡 椒　Black pepper	茴　香　Dill,fresh
白 胡 椒　White pepper	其他可选的神秘食材 Other will be mystery choosen
辣　椒　Cayenne pepper	
墨 角 兰　Marjoram	
孜然 Cumin seeds	

附件二：“黑盒子”食材　Black box ingredients

定量供应　Available in these preset quantities

	数量 QTY	单位 Unit
香料 Spices		
香叶 Bay leaves	50	g
八角，大茴香 Star Anise	4	each
肉桂棒 Cinnamon stick	1	each
鲜香草料 Fresh Herbs		
迷迭香 Rosemary	100	g
野生芝麻菜 Wild Rocket	200	g
Baby Leaf= 小叶子菜	200	g
蔬菜 Vegetables		
洋葱 Onion	2	kg
芹菜 Celery	2	each
胡萝卜 Carrots	2	kg
大蒜 Garlic	2	heads

续表

	数量 QTY	单位 Unit
西红柿 Tomatoes	3	kg
土豆 Potatoes	2	kg
西葫芦 Baby marrow	6	each
红椒 Red Peppers	2	each
花菜 Cauliflower	1/2	each
纽扣蘑菇 Button mushrooms	500	g
甜菜根 Beetroot	500	g
水果 Fruit		
澳洲青苹果 Apples, Granny Smith	2	each
红苹果 Apples, red	2	each
柠檬 Lemons	1	kg
橙子 Oranges	1	Kg
草莓 Strawberry	250	g
覆盆子（树莓） Raspberry	125	g
黑莓 Blackberry	125	g
蓝莓 Blueberry	125	g
醋 栗 Red Currant	125	g
奶制品 Dairy		
加盐黄油 Butter, salted	500	g
无盐黄油 Butter, unsalted	500	g
牛奶 Milk	2	l
奶油 Cream	2	l
切达奶酪 Cheddar Cheese	250	g

续表

	数量 QTY	单位 Unit
奶油奶酪 Cream Cheese	250	g
干货 Dry Goods		
白糖 Sugar, white	500	g
红糖 Sugar, brown	200	g
精盐 Salt, Fine	100	g
粗盐 Coarse Salt	200	g
通用面粉 All purpose flour	1000	g
玉米淀粉 Corn starch	200	g
泡打粉 Baking powder	50	g
速溶酵母 Yeast instant	20	g
明胶 Gelatine	50	g
金黄牌枫糖浆 Syrup，Golden	50	ml
两种黑巧克力 54.5% 250g,70% 250g Dark Chocolate	500	g
鸡蛋 Egg	20	each
杏仁粉 Ground almonds	250	g
第戎芥末 Mustard, Dijon	50	ml
番茄汁 Tomato Paste	200	g
酱油 Soya Sauce	200	ml
白醋 White vinegar	500	ml
香醋 Balsamic vinegar	200	ml
葵花子油 Sunflower oil	1000	ml
轻榨橄榄油 virgin olive oil	500	ml
白葡萄酒 Wine, white	750	ml
红葡萄酒 Wine, red	750	ml
白兰地 Brandy	200	ml
啤酒 Beer /Ale	330	ml

续表

	数量 QTY	单位 Unit
面食 Staples		
用粗麦粉蒸的北非主食 Couscous	100	g
面包屑 Bread crumbs	200	g
珍珠麦 Pearled barley	100	g
粗面粉 Semolina	500	g
小扁豆；兵豆 Lentils	100	g
汤 Stocks		
牛 骨 Beef bones	1000	g
鸡 骨 Chicken bones	1000	g

五、“黑盒子”订货清单 Order list for Black Box

●提供给所有选手一份标准的“黑盒子”食材。

All Competitors will be given a standard Black Box of ingredients.

●食材使用的多少由选手自己决定。

You may choose to use as many, or as few, ingredients as you require.

●根据清单选择黑盒子中的食材，只给预制量，或多或少都不行。

If you choose to include an ingredient from the list for your Black Box, only the pre-set prescribed quantities of ingredients will be given—nothing More, nothing less.

●浪费会扣分。所以不能多订食材，一定要考虑到节约和环保。

You will be judged on wastage, so it is important to remember not to order more ingredients than you may require. Think in an economic and environmental friendly way.

●订货清单会单独以Excel表格呈现。选手必须使用这个表格回传订货清单。

The list will be given in a separate Excel sheet, which must be used by all Competitors when returning the order.

●选手必须在订货清单上标明自己的“黑盒子”所需的食材。订货时只填写 Y 或 N 来订购预制量。在比赛第一天“黑盒子”会提供给选手进行备菜。

You must indicate which of the ingredients on the list you will incorporate into your Black Box. When you order, write only Y or N as to whether or not to include that pre-set prescribed amount of ingredient into your Black Box. This Black Box will then be given to you on Day C1 for your mise en place.

●比赛第一天后，“黑盒子”食材会储存在一个大约 50 升的塑料箱内。盒子自行保管、收拾和安排使用。盒子会贴上国家代码和选手姓名，在每个比赛日之间锁在独立的冰箱内。

After Day C1, your Black Box ingredients will be stored in ONE plastic box,of approx.50 L.

This box is your own responsibility,and you are responsible for how it is packed and arranged. The box will be labelled by country code and name, and will be locked away in a separate fridge for the periods between each competition day.

●每天在公共食材桌上会补充少量食材。

There will also be a small amount of ingredients on the common table which will be replenished daily.

●订货清单发给邮箱：smgrh@online.no。

Order list must be sent to following Email address: smgrh@online.no.

●务必于 2019 年 7 月 8 日中午 12 点（格林威治时间）前提交“黑盒子”订货清单。

The Black Box Order list MUST be submitted by 8 July 2019 at 12 PM Greenwich Mean Time (GMT).

●如果未按照规定时间提交订货清单，总分会被扣五分，所有的清单中的食材都会在“黑盒子”里放一份。

Black Box order lists submitted later than this time will be given a loss of 5 points from the total score and all the ingredients on the list will be added to your Black Box.

●订货清单中必须包含选手的全名、国家代码和邮箱地址。

The order list must contain full name of Competitor, Country Code, and e-mail address.

六、所需设备、器械、装置和物料 Equipment, machinery, installations and materials required

● 希望选手按照物料清单提供的设备和材料完成所有比赛试题。

It is expected that all Test Projects can be done by Competitors based on the equipment and materials specified in the infrastructure list.

●选手不能使用与物料清单所列设备相似的自有设备。

It is not allowed to use any kind of similar equipment from your own toolbox that's already listed in the IL.

●一定要注意，是厨师做食物，而不是设备做食物。我们希望选手带的工具越少越好。

Also be aware that it's the chef making the food, not the equipment.We encourage you all to bring as few tools as possible.

第三节　实例解析

一、俄罗斯队

（一）汤

奶油南瓜汤配双色布丁、黄油煎土豆、藜麦饭、土豆脆片

1. 奶油南瓜汤

原料：南瓜300g、奶油150g、鸡汤200g、洋葱100g、西芹50g、大蒜50g、百里香1g。

制作工艺：锅里下入橄榄油将洋葱、西芹和大蒜炒香并上色，放入百里香，再下入南瓜翻炒片刻，下入鸡汤将南瓜煮至软烂，打成泥，过滤，加入奶油，调味即可。

2. 双色布丁

原料：南瓜100g、奶油250g、鸡蛋2个、蛋清3个。

制作工艺：将南瓜和奶油制成南瓜泥，加入2个鸡蛋搅拌均匀，混合成黄色慕斯液；将蛋白加入奶油，制成白色慕斯液；将两种慕斯液分层倒入模具中蒸制，蒸熟后脱模即可。

3. 黄油煎土豆

原料：土豆60g、奶油50g、鸡汤100g、黄油50g。

制作工艺：将土豆塑形，用鸡汤、奶油一并煮至熟透并捞出，用清黄油将土豆煎至上色即可。

4. 藜麦饭

原料：藜麦80g、干葱10g、黄油20g。

制作工艺：将切碎的干葱炒香，下入藜麦翻炒，再下入鸡汤煮8分钟并收干汤汁，加入黄油调味即可。

5. 土豆脆片

原料：土豆1个、橄榄油10ml、盐1g。

制作工艺：将土豆刨成长片，塑形成长条，刷上橄榄油，撒上盐调味，以170℃烘烤15分钟即可。

菜肴技术点

1.制作汤品前，先制作与汤搭配的底汤，蔬菜蓉汤的厚薄均匀、口味适中。

2.蔬菜汤中的蔬菜要充分粉碎，有奶油和香料的底味。

3.奶油慕斯软硬适中，慕斯中没有大量的气孔。

4.汤品与配菜比例适中。

5.土豆脆片形状完好、不生不焦，适合搭配汤品。

（二）牛肉主菜

低温牛柳配牛肉菌菇慕斯、胡萝卜酱菜、奶酪蘑菇菠菜球、薄底塔壳、红菜头泥、牛骨汁

1. 低温牛柳配牛肉菌菇慕斯

原料：牛柳1条、白蘑菇100g、百里香10g、平叶荷兰芹10g、奶油20g、鸡蛋清20g、盐2g、黑胡椒2g、黄芥末10g。

制作工艺：①将牛柳的筋膜剔净，整成粗细均匀的圆柱形，加入盐、胡椒调味，再用黄油（中火）煎至上色。②取牛肉的边角料，加入盐、胡椒、蛋清、奶油、炒好的蘑菇酱、百里香、平叶荷兰芹，打成慕斯，用牛肉慕斯包裹煎好的牛柳，以85℃的低温烤制40分钟。

2. 薄底塔壳

原料：黄油、面粉、蛋清、盐各适量。

制作工艺：将黄油、面粉、蛋清、盐调匀，以150℃烤制12分钟。

3. 奶酪蘑菇菠菜球

原料：菠菜、白蘑菇、切达芝士各适量。

制作工艺：将菠菜烫熟后浸入冰水，将腌制好的白蘑菇煎熟，填入切达芝士，再用菠菜包好，撒上芝士碎，将菠菜球焗至上色。

4. 胡萝卜酱菜

原料：胡萝卜、盐、醋等适量。

制作工艺略。

5. 红菜头泥

原料：红菜头、奶油、黄油、盐、白酒、醋、糖各适量。

制作工艺：将红菜头蒸熟，打碎后过筛，加入奶油、黄油、盐、白酒、醋、糖调味。

6. 牛骨汁

原料：牛骨、面粉、植物油、洋葱、西芹、胡萝卜、大蒜、香叶、百里香、番茄酱、红酒、黄油各适量。

制作工艺：将牛骨放入烤盘，撒上面粉，以200℃烤制20分钟。锅中放油，加入洋葱、西芹、胡萝卜、大蒜、香叶、百里香炒香，加入番茄酱炒出酸涩味，烹入红酒。再加水，下牛骨煮制，煮好后过筛，将汤汁收浓稠，加入黄油即可。

菜肴技术点

1.制作酱菜的技术点。

2.制作慕斯的技术点。

3.菜肴体现了煎、烤、烩、煮、腌渍等烹饪技法。

4.制作西餐母汁——牛骨汁的基本技能。

5.制作塔壳的基本技能。

（三）鱼肉主菜

低温三文鱼佐黄油汁和花菜泥配多宝鱼慕斯、菠菜芝士饺子、胡萝卜塔、脆片

1. 低温三文鱼

原料：三文鱼300g、多宝鱼慕斯150g、柠檬1个、莳萝3g。

制作工艺：在三文鱼肉上铺好柠檬片和莳萝进行腌制，调味后裹上多宝鱼慕斯，用保鲜膜卷好塑形，真空包装后放入低温水烹调机内，以42℃低温烹制20分钟即可。

2. 多宝鱼慕斯

原料：多宝鱼肉200g、蛋清40g、奶油70g。

制作工艺：将多宝鱼取肉，加入蛋清和奶油打至细腻，调味，过筛即可。

3. 黄油汁

原料：多宝鱼骨100g、洋葱50g、大蒜10g、淡奶油80g、黄油100g。

制作工艺：将多宝鱼骨煎香，下入洋葱和大蒜炒香，加水没过食材，煮20分钟后进行过滤，再将汤汁收稠后加入淡奶油继续将汁收稠，离火，加入黄油并调味即可。

4. 花菜泥

原料：花菜200g、洋葱50g、淡奶油200g。

制作工艺：用橄榄油将洋葱炒香，放入花菜继续翻炒，加入淡奶油将花菜煮至软烂，过滤取泥，调味即可。

5. 菠菜芝士饺子

原料：面粉100g、菠菜汁60g、蛋黄1个、橄榄油10g、马苏里拉芝士30g、菠菜100g。

制作工艺：将面粉、菠菜汁、蛋黄和橄榄油制成意大利面团；菠菜焯水，切碎，加入马苏里拉芝士拌匀并调味制成馅料；用压面机把面团压成薄片，裁剪，包入馅料，做成饺子即可。

6. 胡萝卜塔

原料：胡萝卜200g、鸡汤 300g。

制作工艺：将胡萝卜塑形，用鸡汤煨至全熟，调味即可。

7. 脆片

原料：面粉100g、水60g、蛋黄1个、橄榄油10g。

制作工艺：将所有原料和成面团，醒发30分钟，用压面机压成薄片，切条，塑形，烤制即可。

菜肴技术点

1.低温三文鱼成熟度要适中，搭配适合鱼类的香料，使菜品口味适中。

2.配菜与主食的比例要适中。

3.花菜泥的口感要顺滑，不要有大量的气孔。

4.酱汁适合鱼类主菜。

5.装饰配菜要有效地起到装饰作用，与主菜合理搭配。

6.菠菜芝士饺子口感要适中，要体现出意大利手工饺子的技术点。

7.菜品用到了低温蒸、煎、烤、煮等烹饪技法。

（四）甜品

黑巧克力慕斯配草莓酱佐巧克力熔岩蛋糕、白巧克力慕斯

1. 黑巧克力慕斯

原料：黑巧克力70g、 蛋黄32g、白砂糖26g、吉利丁片0.5g、淡奶油100g。

制作工艺：①将吉利丁片和白砂糖加热且熔化，加入蛋黄搅匀，再加入熔化好的黑巧克力搅匀，冷却即可。②将淡奶油打发，拌入前面的半成品中，再盛入模具，冷冻定型即可。

2. 巧克力熔岩蛋糕

原料：白巧克力70g、黑巧克力70g、黄油110g、全蛋2个、蛋黄2个、白糖40g、低筋粉60g。

制作工艺：将白巧克力、黑巧克力、黄油和白糖熔化，加入全蛋和蛋黄拌匀，筛入低筋粉拌匀，盛入模具，以175℃烤制15分钟即可。

3. 白巧克力慕斯

原料：白巧克力70g、蛋黄32g、白砂糖26g、吉利丁片0.5g、淡奶油100g。

制作工艺：同黑巧克力慕斯的做法。

4. 草莓酱

原料：草莓200g、白糖60g、柠檬1个。

制作工艺：将白糖加水煮至微焦，下入草莓翻炒，挤入柠檬汁，擦入柠檬皮，煮至浓稠后打碎，过滤即可。

菜肴技术点

1.巧克力慕斯口感绵滑。

2.巧克力装饰片光滑且不断裂，体现了甜品中巧克力的调温技术。

3.巧克力熔岩蛋糕的中心流心，外形完好。

4.糖类装饰体现甜品的拉糖技术。

5.搭配与甜品相配的酱汁。

6.甜品颜色丰富。

二、波兰队

（一）汤

奶油南瓜汤配南瓜慕斯、黄油脆片

1. 鸡底汤

原料：鸡骨1只、洋葱100g、西芹50g、胡萝卜50g、百里香10g、香叶1g。

制作工艺：将鸡骨焯水后加水、洋葱、西芹、胡萝卜、百里香、香叶煮成鸡底汤。

2. 奶油南瓜汤

原料：鸡底汤500ml、南瓜300g、白洋葱100g、肉蔻2g、奶油100ml、盐6g。

制作工艺：将白洋葱炒软，加入南瓜和鸡底汤、肉蔻粉，煮制30分钟，再将所有食材粉碎，加入奶油烧开即可。

3. 南瓜慕斯

原料：南瓜100g、鸡蛋1只、奶油50g、盐2g、黄油10g。

制作工艺：将南瓜蒸熟，把所有食材混合打碎后放入模具中，以85℃蒸制20分钟，脱模即可。

4. 黄油脆片

原料：黄油50g、面粉50g、鸡蛋1个、糖15g、盐5g。

制作工艺：将所有食材混合，盛入模具，以160℃烤制9分钟即可。

5. 红色装饰油

原料：橄榄油10g、红甜椒粉10g。

制作工艺：（略）

6. 绿色装饰油

原料：橄榄油15g、罗勒叶10g。

制作工艺：（略）

菜肴技术点

1.制作奶油南瓜汤时，必须不厚不薄，呈挂壁式厚度，口感要适中。

2.南瓜慕斯不要有大量的气孔，蒸慕斯前要适当排气。

3.制作的装饰片烘烤程度要适中。

4.菜肴颜色丰富。

5.使用了煮、炒、烤、蒸等烹饪技法。

（二）鱼肉主菜

香煎低温三文鱼佐柠檬黄油汁配土豆塔、鱼肉饺子、南瓜泥、炸鱼球

1. 香煎低温三文鱼

原料：三文鱼300g、鱼慕斯 150g、柠檬1个、莳萝3g。

制作工艺：在三文鱼上铺好柠檬片和莳萝进行腌制，调味后裹上鱼慕斯，盛入模具，真空包装后放入低温水烹调机内，以42℃低温烹调20分钟，取出用橄榄油煎至上色即可。

2. 土豆塔

原料：土豆300g、鸡汤300g、蘑菇200g、节瓜100g、胡萝卜100g。

制作工艺：将土豆塑形，用鸡汤煨至全熟，煎至上色；将蘑菇切碎，炒香，放入土豆塔中；节瓜、胡萝卜挖成小球，煮熟，放在土豆塔上即可。

3. 柠檬黄油汁

原料：三文鱼100g、洋葱50g、柠檬1个、大蒜10g、淡奶油80g、黄油100g。

制作工艺：将三文鱼煎香，下入洋葱和大蒜再炒香，加水将食材淹没，煮制20分钟后进行过滤，再将汤汁收稠，加入淡奶油继续将汁收稠，离火，加入黄油、柠檬汁调味即可。

4. 南瓜泥

原料：南瓜200g、洋葱50g、淡奶油200g。

制作工艺：用橄榄油将洋葱炒香，加入南瓜继续翻炒，加入淡奶油，将南瓜煮至软烂，过滤取泥，调味即可。

5. 鱼肉饺子

原料：面粉100g、水60g、蛋黄1个、橄榄油10g、鱼肉120g、胡萝卜100g。

制作工艺：将面粉、水、蛋黄和橄榄油制成意大利面团；将鱼肉、胡萝卜切碎并炒香，调味制成馅料；用压面机把面团压成薄片，裁剪，包入馅料，做成饺子即可。

6. 炸鱼球

原料：三文鱼肉200g、蛋清40g、奶油70g、面包糠50g。

制作工艺：将三文鱼肉加入蛋清、奶油，打至细腻，调味，过筛，塑形，裹上面包糠，炸至金黄即可。

菜肴技术点

1.菜肴中体现了煎、炸、煮、烩、炒、低温蒸等烹饪技法。

2.三文鱼不生不焦，烹饪程度刚好。

3.意大利手工饺子技术娴熟、花纹均匀。

4.南瓜泥口感厚薄均匀、奶香四溢。

5.柠檬黄油汁加入足量的黄油后不泄汁。

6.菜肴色泽丰富，蛋白质、淀粉、蔬菜、酱汁搭配均匀。

（三）牛肉主菜

香煎牛柳佐牛肉汁配菠菜牛肉慕斯、红酒洋葱、土豆泥、蔬菜球、叶子脆片

1. 香煎牛柳

原料：牛柳400g、蘑菇160g、百里香10g、牛肉慕斯100g。

制作工艺：将牛柳撒上盐、黑胡椒和百里香进行腌制，调味后裹上炒香的蘑菇丁和牛肉慕斯，盛入模具，以120℃烘烤30分钟，定型后取出，煎熟即可。

2. 菠菜牛肉慕斯

原料：牛肉200g、蛋清40g、奶油70g，菠菜叶适量。

制作工艺：将牛肉加入蛋清和奶油搅打至细腻，调味，过筛，包入菠菜叶中烹调即可。

3. 土豆泥

原料：土豆200g、洋葱50g、淡奶油200g、肉豆蔻1g、黄油30g。

制作工艺：用橄榄油将洋葱炒香，放入土豆继续翻炒，加入淡奶油煮至软烂，过滤打泥，加入黄油和肉豆蔻调味即可。

4. 牛肉汁

原料：牛肉200g、洋葱50g、西芹30g、胡萝卜30g、大蒜 20g、番茄酱30g、百里香3g、香叶1片、黑胡椒粒10粒。

制作工艺：将牛肉煎上色，下入洋葱、西芹、胡萝卜和大蒜炒香，加入香叶、黑胡椒、番茄酱炒至酸味挥发，烹入红酒，将汤汁收至剩三分之一，加水没过食材，熬煮1小时，过滤后将汤汁收稠，调味即可。

5. 叶子脆片

原料：黄油30g、面粉30g、蛋清30g、盐2g。

制作工艺：将这四种原料拌匀，灌入模具，以160℃烘烤20分钟即可。

6. 红酒洋葱、蔬菜球

原料、制作工艺略。

菜肴技术点

1.牛肉用中火煎制，体现了对牛排成熟度精准的把控。

2.菠菜牛肉慕斯口感适中。

3.体现多重烹饪技法制作。

（四）甜品

巧克力慕斯配杏仁沙布列、焦糖苹果、叶子脆片

1. 巧克力慕斯

原料：巧克力70g、蛋黄32g、白砂糖26g、吉利丁片0.5g、淡奶油100g。

制作工艺：①将吉利丁片和白砂糖加热熔化，下入蛋黄搅匀，再加入熔化好的黑巧克力搅匀，冷却。②将淡奶油打发，拌入前面的半成品中，灌入裱花袋，冷藏后塑形。

2. 杏仁沙布列

原料：淀粉50g、糖粉90g、杏仁粉27g、低粉180g、盐1g、黄油95g、鸡蛋53g。

制作工艺：把淀粉、糖粉、杏仁粉、低粉和盐搅拌均匀，过筛，加入黄油搅打成沙砾状，缓慢加入鸡蛋液搅打成团，醒发30分钟后塑形，以160℃烤制25分钟即可。

3. 焦糖苹果

原料：苹果2个、白糖100g。

制作工艺：将白糖加水炒成焦糖，再加少量温水，下入已塑形的苹果煮至口感厚度适中即可。

4. 叶子脆片

原料：黄油30g、面粉30g、蛋清30g、盐2g。

制作工艺：将这四种原料拌匀，灌入模具，以160℃烘烤20分钟即可。

菜肴技术点

1.体现了巧克力调温技术的基本功。

2.体现了制作巧克力慕斯的基本功，且巧克力慕斯的口感细腻。

3.体现了制作焦糖的基本功。

三、中国队

（一）汤

奶油孜然胡萝卜汤配胡萝卜慕斯、蛋白云、莳萝脆片

1. 奶油孜然胡萝卜汤

原料：洋葱、西芹、大蒜、孜然、胡萝卜、鸡汤、奶油各适量。

制作工艺：将洋葱、西芹、大蒜、孜然炒香，加入胡萝卜炒软，加入鸡汤煮制，再将食材打碎，加入奶油调味即可。

2. 胡萝卜慕斯

原料：鸡蛋1个、奶油200g、胡萝卜100g。

制作工艺：锅中加入橄榄油，将胡萝卜炒香，加入奶油煮至软烂，放入粉碎机中打碎，过筛，盛入模具，以75℃蒸制25分钟即可。

3. 莳萝脆片

原料：鸡蛋清1个、黄油35g、面粉30g、莳萝少许。

制作工艺：将鸡蛋清、黄油、面粉搅拌均匀，盛入模具中，加入莳萝点缀，以160℃烤制12分钟即可。

4. 蛋白云

原料：鸡蛋清1个、平叶荷兰芹碎少许。

制作工艺：将鸡蛋清打发，加入平叶荷兰芹碎，挖成橄榄形，放在90℃的温水中浸泡15分钟。

菜肴技术点

1.打发蛋清的基本技能。

2.制作鸡底汤的技能；制作奶油孜然胡萝卜汤的技能，胡萝卜汤口味适中、厚薄均匀。

3.制作胡萝卜慕斯，慕斯中不能有大量的气孔，口感绵密，与汤的味道相互辉映。

4.叶子脆片装饰，与胡萝卜汤十分搭配。

（二）鱼肉主菜

煎三文鱼佐煎土豆盒子配奶油烩芝麻菜、鱼肉慕斯、意式糖形饺子和麻花辫、炒杂烩蔬菜、红菜头酱菜、橙味柠檬黄油鱼骨汁

1.香料绿粉

原料：面包糠、平叶荷兰芹、橄榄油、盐、胡椒等适量。

制作工艺：将面包糠放入锅中，加入打碎的平叶荷兰芹，加入橄榄油、盐、胡椒，炒出水分即可。

2.煎三文鱼

原料：三文鱼、盐、胡椒、柠檬皮各适量。

制作工艺：将三文鱼改刀，加入盐、胡椒、柠檬皮腌制5分钟，再放入锅中煎至两面发黄，放入烤箱，以55℃烤制15分钟，取出裹上做好的香料绿粉即可。

3.鱼肉慕斯

原料：鱼肉30g、鸡蛋清1个、奶油25g、盐3g，莳萝碎适量。

制作工艺：将所有原料放入搅拌机中，隔着冰块打碎后过筛。取一部分做成橄榄形，蒸制10分钟，装盘。剩下的鱼肉慕斯加入莳萝碎，做成意式饺子馅。

4.意式麻花辫、糖形饺子

原料：意式小麦粉150g、全蛋1个、蛋黄2个、橄榄油10g、盐3g，平叶荷兰芹叶子适量。

制作工艺：①将所有原料混合均匀，和成面团，静置20分钟。②先取出一部分面团（剩下的包饺子用）压成面片，再压成面条，取三根面条编成辫子，在150℃油锅中炸至金黄即可。③取出另一部分面团，压成面片，中间加上平叶荷兰芹叶子，做成饺子皮，包入之前做好的鱼肉慕斯馅料，做成糖形的饺子，煮熟即可。

5.奶油烩芝麻菜、炒杂烩蔬菜、红菜头酱菜、红菜头泥

原料、制作工艺略。

6.土豆盒子配奶油烩芝麻菜

原料：土豆、奶油、水、做好的奶油烩芝麻菜各适量。

制作工艺：将土豆用模具掏空，放入奶油水（奶油、水混合物）中煮熟，再放入锅中煎至表面金黄。土豆盒子内填入做好的奶油烩芝麻菜，装盘即可。

7.橙味柠檬黄油鱼骨汁

原料：橙子1个、柠檬1个、黄油20g、奶油30g，鱼骨、洋葱、大蒜、平叶荷兰芹、香叶各适量。

制作工艺：锅中放油，加入洋葱、大蒜、西芹、香叶、平叶荷兰芹煸炒。再加入鱼骨，加水煮制15分钟，过滤，将汤汁收浓，加入柠檬汁、橙汁、奶油、黄油，盛出装盘。

菜肴技术点

1.体现了低温蒸、煎、烤、炒、炸、腌、煮等烹饪技法。

2.体现了西餐中用两把勺子将食材挖成橄榄形的技术点。

3.制作传统白、黄油汁的技术点。

4.制作意式饺子的技术点，饺子皮中加入了平叶荷兰芹能增加色泽。

5.制作了酸甜适口的红菜头酱菜，和鱼肉菜肴十分搭配。

6.菜肴展现了西餐中切细粒的刀工技术。

（三）牛肉主菜

酥皮牛里脊、香煎牛里脊配蘑菇马肉慕斯、土豆橄榄、度卡坚果碎、
绿色网状脆片、胡萝卜泥，佐牛骨汁、荷兰汁

1.香煎牛里脊

原料：牛里脊、盐、黑胡椒、橄榄油各适量。

制作工艺：牛里脊去筋膜，撒上盐和黑胡椒，橄榄油煎至上色，放入70℃烤箱保温。

2.酥皮牛里脊

原料：黄油150g、面粉150g、水75g、盐3g，蘑菇酱、牛里脊各适量。

制作工艺：①将黄油、面粉、水、盐混合，压平重叠三四次，做成酥皮面团，冷藏醒发30分钟。②取出面团，压平，包入蘑菇酱、牛里脊，以185℃烤制20分钟即可。

3.马肉慕斯

原料：马肉100g、奶油60g、鸡蛋清70g、盐和胡椒适量。

制作工艺：将马肉打碎后，加入鸡蛋清，打匀后加入奶油、盐、胡椒调味，然后底下垫冰过筛即可。

4.酸甜苹果番茄

原料：苹果粒、番茄粒、白糖、水、香叶、玉桂棒、盐、胡椒各适量。

制作工艺：锅中放入少量白糖，加水烧至焦糖色，加入苹果粒和番茄粒翻炒，再加水，加入香叶、玉桂棒、盐、胡椒调味，煮至黏稠即可。

5.蘑菇马肉慕斯

原料：蘑菇、马肉慕斯、酸甜苹果番茄。

制作工艺：蘑菇洗净，削花，将蘑菇内部掏空。放入酸甜苹果番茄，用马肉慕斯包起，放入奶油水中煮8分钟即可。

6.土豆橄榄

原料：土豆、大蒜、迷迭香、盐、胡椒、黄油各适量。

制作工艺：将去皮并削成橄榄形的土豆放入锅中，加入大蒜、迷迭香、盐、胡椒煸炒，加入熔化的黄油，放入烤箱，烤制15分钟即可。

7.度卡坚果碎

原料：杏仁、孜然各适量。

制作工艺：将杏仁切碎，放入干净的锅中煸炒，加入孜然、度卡粉炒香即可。

8.绿色网状脆片

原料：面粉10g、水80g、油30g、平叶荷兰芹10g。

制作工艺：将所有原料放入搅拌机中打碎，放入不粘锅煎成脆片即可。

9.胡萝卜泥

原料：胡萝卜、水、奶油、黄油各适量。

制作工艺：将切碎的胡萝卜炒香，加水煮熟，加入奶油、黄油，打匀，过筛即可。

10.荷兰汁

原料：蛋黄1个、白葡萄酒20g、白醋10g，清黄油适量。

制作工艺：将蛋黄、白葡萄酒、白醋放入盆中搅匀，将盆放入75℃的温水中，隔水搅打出厚度，慢慢倒入清黄油，再搅打匀即可。

11.牛骨汁

原料、制作工艺：（略）

菜肴技术点

1.体现了比利时手工酥皮的开酥技术点。需要使用冷藏的黄油，在开酥的过程中速度必须快。

2.体现了牛肉成熟度把控的技术点。酥皮牛里脊烤完后，血水不能浸透酥皮，且酥皮有明显的分层。牛里脊刚好七成熟。

3.体现了酥皮包裹牛肉的技术点。必须将牛肉完整包入酥皮，并且将酥皮重叠部分擀薄。

4.体现了西餐中切细粒的技术点。

5.体现了西餐中雕刻蘑菇花的技术点。

6.体现了西餐中削橄榄形蔬菜的技术点。

7.菜肴中使用了焖、烤、煎、炒、烩、煮等烹饪技法。

8.正确制作西餐母汁——牛骨汁。

9.制作装饰脆片技术。脆片对菜品起到与颜色、口味搭配的作用。

（四）甜品

杏仁蛋糕佐开心果冰糕、巧克力慕斯、天妇罗树莓、莓类果酱、杏仁酥粒

1. 杏仁蛋糕

原料：杏仁粉38g、面粉10g、白砂糖68g、蛋黄90g、蛋清18g、黄油72g，橙皮碎适量。

制作工艺：将所有原料放入搅拌机中，搅匀后盛入模具，以175℃烤制15分钟。

2. 开心果冰糕

原料：蛋黄45g、糖18g、蛋白36g、糖16g、芝士50g、奶油75g、开心果30g、吉利丁2g，橙皮碎适量。

制作工艺：①将蛋黄与18g糖隔65℃的水搅拌均匀至溶化。②将16g糖加入水烧至糖稀后加入打发的蛋白中。③将芝士碾碎，一点点加入奶油中，搅拌至黏稠。④将开心果切碎。⑤将所有原料搅拌，盛入模具中，放入急冻箱，冻硬脱膜即可。

3. 巧克力慕斯

原料：巧克力25g、奶油25g、打发奶油50g。

制作工艺：锅中放入奶油烧开后离火，加入巧克力搅拌均匀，与打发的奶油混合，放入模具中定型即可。

4. 天妇罗树莓

原料：面粉60g、淀粉30g、白砂糖30g、水40ml，树莓适量。

制作工艺：将原料混合均匀，以150℃油温将树莓炸熟即可。

5. 混合莓类果酱

原料：草莓150g、树莓50g、黑莓50g、蓝莓50g、黄桃100g、糖50g，橙汁适量。

制作工艺：糖加少许水溶化，加入各种梅果翻拌均匀，加入橙汁煮软即可。

6. 巧克力叶子

原料：糖32g、巧克力13g、水2ml。

制作工艺：锅中放入水和糖，烧至120℃后离火，加入巧克力，搅匀，盛入叶子模具中，以220℃烤制4分钟即可。

7. 杏仁酥粒

原料：杏仁粉6g、白砂糖6g、面粉6g、黄油6g。

制作工艺：将所有原料混合塑形，呈杏仁状，以150℃烤制5分钟即可。

菜肴技术点

1.制作巧克力装饰片的技术，对烤制的温度及时间的把控。

2.制作杏仁蛋糕的技术点，对烤制时间的把控。

3.体现了烤、炸、冷冻甜品、常温慕斯、热蛋糕的烹饪技术点。

4.制作传统巧克力慕斯的技术点。

5.制作与甜品适合的酱汁，酱汁厚薄均匀且有亮度。

第二章
西餐中的工具及设备

齐全的厨房需要有各种设备的支持：刀碗、壶、锅、炉灶、冰箱、储藏柜和搅拌机、粉碎机、切片机和熏制器材。

随着新的设备、工具不断更新和完善，需要学习并掌握所有类型设备的使用和保养，还要不断地学习和创新。参观贸易展览、翻阅刊物、同自己社交圈的交流，会让你接触到各种技巧和工具，从食品级的PVC磨具直至新型的省时的厨房工具，到跟踪销售、库存、准备清单、人员分配和薪资等的软件程序都要学习。

第一节 刀 具

西餐厨师从开始的那一刻直至一生的时间选择最适合自己的刀具，像自己的双手一样重要。

组合、收集成套的刀具是成为专业人士的第一步，就像美术家一样收集绘画所必需的雕塑或绘画等工具。

一、刀具的护理、使用和存放的规则

刀具对专业厨师的重要性可不容小觑，是烹饪过程中必须使用到的最基础的装备，刀具的使用应该非常重视和小心。

（一）慎用刀具

专业人士有他们自己的收藏刀具，并在日常使用中小心养护。不得擅自使用别人的刀具，一旦使用，要确保小心维护并及时归还。

如果在一个大厨房工作，许多人会把他们的名字刻在刀具上，这样就可以辨别各自的刀具。

（二）保持刀的锋利

一把锋利的刀，不仅性能好，而且使用起来更安全。切开食物时阻力更小，能够避免当切食物阻力增大时，刀锋不利而导致打滑致使受伤。

各种工具可用于磨刀：磨刀杵应该随时触手可及。定期使用磨刀石或磨刀器，严重变钝或老化的刀片需要重新恢复边缘，这需要专业人员专门对刀具进行维护。

（三）保持刀具清洁

使用后应立即清洁刀具，在擦拭时注意避免碰伤自己，并进行必要的消毒，以免产生交叉污染。洁净的刀具有助于延长其使用时间。

切勿将刀放入装满锅具的水槽中，这样会导致损伤或划痕；更不可将手伸到水槽中抓住刀刃以免受伤；不要把刀放入洗碗机中清洗，会致使刀柄弯曲和裂开。

（四）使用刀具的安全处理程序

当把刀传递给另一个人时，须平放在桌上，将刀柄指向取刀的人。当必须拿着刀从一处走向另一处时，手臂垂下，握住刀柄垂于你身体的一侧，刀尖朝下，并告知身边的人。理想情况下，应套上刀鞘后行走。当把刀放在工作台上的时候，要确保整把刀没有延伸出台面外，这将避免伤害到经过的人或因碰撞掉到地上。

刀具只用于切割食物，不是用来撬瓶、罐或其他的。不当的使用会导致损坏，甚至刀片断裂，碎片飞溅到周围。

（五）使用适当的切割砧板

直接在金属、玻璃或大理石桌面上切割，最终会损坏刀片。应该使用木质或塑胶砧板。刀具的经常使用，能很好地防止刀刃变钝。

（六）妥善存放刀具

有许多安全、实用的存放刀具的方法。可以保存在专用刀包或专用刀具卷包中，插入刀插槽或厨房磁条刀架。合理的存放可以大大减少对人体的伤害，用完刀具应清洁擦拭干净并妥善摆放。

二、刀具的各部件

选择一把质量好、合手的刀使用，取决于对刀的各部位的基本知识的了解。

（一）刀片

高碳不锈钢是刀片最常用的优质材料，当然不锈钢和碳钢也是可以的。

多年来，大多数刀片是用碳钢制造的。尽管其比普通的不锈钢或高碳不锈钢锋锐，但它们往往会很快失去锋利质性，而且经常与高酸食物（如西红柿和水果等）接触会使刀片变色。

碳钢刀片必须小心处理，容易变色、生锈和点蚀，保证在存放前和使用后清洗干净并保持干燥。这种金属比较脆，受到重压后容易损坏。

不锈钢比碳钢强度大得多，不会褪色或生锈。在不锈钢刀片上形成一个好的刀刃是非常困难的，一旦刀刃形成，它的使用时间往往比碳钢刀片更持久。

高碳不锈钢是一种比较新的产品，结合了碳钢和不锈钢的优点。较高的碳含量使刀片保持边缘，而不锈钢含量防止刀片迅速褪色或生锈。

最理想的类型为锥形磨床锻造，这意味着刀片是由一整块金属锻造而成，并经过打磨，使其从刀背到刀刃逐渐变细，并且没有明显的斜面。经常使用的刀片应采用锥形刀片。

空心刀片是由两层金属组合而成，边缘呈斜面或凹槽。虽然空心刀片经常有非常锋利的边缘，但刀片本身缺乏平衡，厨房里很少使用。

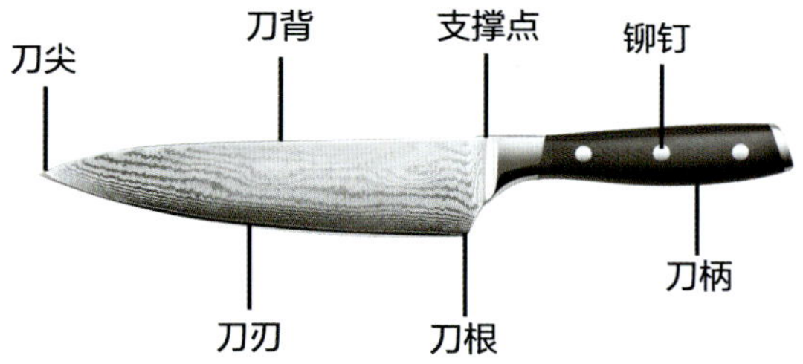

切刀部件示意图

（二）刀柄

红木是最好的刀柄材料之一。因为它非常坚硬，没有纹路，有助于防止劈裂和开裂。用塑料浸渍的木材可以保护手柄不被水和清洁剂损坏。

一些地方法规要求肉店使用塑料手柄，因为塑料手柄被认为比木质手柄更卫生。但是，必须小心、彻底地去除油污，因为油附着在塑料上的时间比附着在木头上的时间要长。

无论你选择什么样的手柄，它都应该贴合你的手。制造商通常生产适合各种手的手柄。在购买之前，花点时间掂量你感兴趣的刀具。一把舒适的刀柄，将提高你的工作速度和握刀的轻松感。反之，会导致你的手疲劳或抽筋。也有些刀是专门为左撇子厨师设计的。

（三）铆钉

铆钉是用来将榫头固定在把手上。铆钉应完全光滑，并与把手表面齐平，以防止划到手。铆钉良好的结构，也将避免微生物聚集在木材和铆钉上。

（四）支撑点

这个部位也被称为刀颈，是在刀刃与刀柄相交的地方。它是一把做工精良的刀的标志，能支撑住整把刀使用很长一段时间。有些刀可能看起来有支撑点，但实际上是一个独立的部分附在手柄上。这些刀容易裂开，应该避免使用。

三、各种类型的刀

厨师在职业生涯中积累的刀具，无疑包括一些特殊的刀具。例如，一般特殊刀具和切割工具，只在面包店能找到；还有一些用于屠宰肉类和加工鱼类的刀具。这里旨在作为一种刀具的指南，可以在几乎所有装备精良的刀具套件中找到，但不是全面的。

（一）厨师刀

可用于各种切菜、切片和切碎杂活，刀片一般为8~14英寸长。

（二）实用刀

小而轻的厨师刀，用于清理、切碎杂活，刀片一般为5~7英寸长。

（三）去皮刀

一把短刀，主要用于果蔬的削皮和修整，刀长2~4英寸。

（四）剔骨刀

用来将肉从骨头上分离出来。刀锋比厨师刀更薄更短，大约6英寸长，通常是硬的。

（五）鱼片刀

用于鱼的切片，其形状和大小与去骨刀相似，但它有一个灵活的刀片。

（六）切片刀

用来切熟肉的。它的叶片很长，顶端是圆形或尖尖的。叶片上可以是柔性的，也可以是刚性的，可以是锥形的，也可以是有凹槽的边缘的，这些凹槽的边缘是由椭圆形的空心面组成的。

（七）砍刀

用于切肉，这种刀通常是重到能砍断骨头。它有一个矩形的刀片，根据它的用途，大小不同。

（八）整形小刀

类似水果刀。有个弯曲的刀片，使整形蔬菜的曲面切割更容易。也叫鸟喙刀。

图中左起：弯刀、小直刀、剪刀、剔骨刀、切片刀、西餐刀、片鱼刀、锯齿刀。

第二节　磨刀工具和珩磨工具

正确有效地使用任何一把刀的关键，要确保它是锋利的。一把锋利的刀会在工作中事半功倍，更安全。因为它很容易切割，不需要厨师施加压力。这必须通过正确使用磨刀工具，来保持其刀刃的锋利。

一、磨刀石

磨刀石是保持刀具锋利的必备之物。用刀刃匀力推过磨刀石的表面。沙砾，一个个尖锐的切割面附着于石头表面。使用时，总是从石头最粗糙的一端开始，然后移到更细的石头表面。大多数磨刀石可以用清水、矿物油来湿润。一旦油被用在磨刀石表面，就要继续给石头上油。

（一）磨刀石的种类

常见的石头一般分为三种，标准尺寸为8英寸×2英寸×15/16英寸。

金刚砂磨刀石，有细的一面和普通的一面。

阿肯色磨刀石，分多种不同的细度。也有由三种不同细度组成的，安装在一个轮子上。

钻石沙砾面磨刀石，非常昂贵。有些厨师更喜欢这种磨刀石，因为他们认为用这种磨刀石磨刀会更锋利。

（二）磨刀石的使用

在使用磨刀石之前，应该确保它已经完全稳定。将磨刀石放在潮湿的布上以支撑它们，确保磨刀的时候不会移动。确保有足够的工作空间，刀锋应与石头表面呈20度角，刀锋的整个长度应划过石头。在刀片的两侧重复这个过程。

第一，将磨刀石放在毛巾上，防止滑动，以20度的角度握刀，用手指按住引导在磨刀石表面推动，保持对刀片均匀的压力。

第二，继续把刀片推过表面，确保整个刀片被磨到。

第三，按图示继续平稳地在磨刀石上推动，确保刀尖至刀尾部全部磨到。

第四，翻转至另一面重复以上步骤，并注意按压手指的变化。

二、磨刀棒

磨刀棒可以在操作期间随手使用，磨刃时与刀削尖保持边缘对齐。这种钢棒的工作表面的长度可以从3英寸到14英寸。虽然传统工艺上由硬钢制成，现在也可以选用其他材料，如玻璃、陶瓷、钻石沙砾面等。

磨刀棒有粗、中、细晶粒之分。有些是磁性的，有助于保持刀片适当对准。有些磨刀棒可在手柄底部加一个环，用来挂储存用。

当使用磨刀棒时，刀几乎是垂直的，把刀摆成20度角对钢。刀锋沿着磨刀棒方向拉至整个长度。

磨刀棒的使用方法：

第一，一手拿刀，另一只手握磨刀杵，两物件呈垂直状态，刀刃朝身体内侧与钢杵呈20度角。

第二，弯曲的手腕将刀刃靠着钢杵通过整个长度来移动，保持压力均匀和轻盈。

第三，保持刀片与钢杵从头至尾适当地移动珩磨。

第四，将刀片移至钢杆的另一侧，并保持与钢杆的垂直角度磨砺。

第五，拇指按住刀背保持压力均匀。

第六，完成第二次，确保磨到刀刃的整个长度。

三、砂轮、电动磨刀器、皮革磨刀盘

恢复刀片边缘严重的钝，离不开砂轮、电动磨刀器、皮革磨刀盘（如用来磨理发师刀片的工具）等这些珩磨工具。

第三节　手作工具

装备精良的专业刀具，还包括了很多专业厨房专用的具有特殊功能的手作工具。如用来刮鱼鳞片的、撬开蛤蜊和牡蛎壳的，甚至还有切鸡蛋的。

一、旋转或旋转刀片削皮器

这个工具是用来去除各种蔬菜和水果的皮。旋转削皮器适应各种各样轮廓的产品。正确地使用，将会大大改善我们的生活，加快准备加工蔬菜的速度。

二、挖球（瓜球）器

这个工具是用来舀出球形或椭圆形（根据挖球器的形状）的蔬菜和水果。

三、厨房叉子

叉子是用来检验烤熟程度的，能稳固成品食物在切肉板和盘中而不移动。在炒、烤过程中，不要用厨房的叉子来翻动食物。当叉子的尖刺刺入食物，汁液溢出，最终会使食物变干。

四、抹刀（金属抹刀）

这是一个灵活的厨房工具，烘焙时用于翻转煎饼或烧烤食物时涂抹厚汁，可作多种功能。带锯齿边缘的抹刀是用来准备切三明治的。

五、打蛋器

这个工具是用来打、搅拌和抽打液体食物的，利用球形的细导线，混入空气以制造泡沫原理。还有粗的导线。厨师应该具备不同尺寸的打蛋器。

六、硬硅胶抹刀

这种抹刀用于烤架肉鸡和煎锅翻面或抬起食物。它设置了一个短柄和宽的抹面。

七、裱花袋

裱花袋有塑料、帆布或尼龙袋之分。用于裱花，装打发好的奶油、各种厚稠酱汁，一般在厨房和烘焙店使用。

其他厨房手动工具还包括（但不限于）：樱桃去核器、番茄刀、橡皮刮刀、各种大小的勺（用于撇除汤料等表面）、各种木勺、金属勺、品尝勺、铲子、塑料或木质的砧板等。

第四节　小设备

本节中概述的工具可以在任何设备良好的厨房中使用。为了清晰起见，这里根据它们的一般功能对它们进行了分类。

一、测量设备

测量的方式取决于许多不同专业厨房，取决于被测成分及测量系统（以美国或公制、体积或组合为单位的重量）。因此，重要的是要有测量液体和干体积的设备，美国或公制以及各种秤的精确测量重量。温度计应该同时显示华氏温度和摄氏温度。

（一）测量罐和杯子

用来测量液体的，通常是品脱、夸脱、加仑量制。杯套包括1/4、 1/3、1/2杯和一杯来计量。

（二）秤

用来称重，控制配料重量。盎司/克和磅/公斤秤都可用。秤有弹簧式、平衡式或电子式。

（三）即时读数的温度计

用来测量食物的内部温度的。探针把食物内部的温度以可视的效果呈现。

也可测糖果和深层脂肪。

（四）测量匙

通常有汤匙、茶匙、1/2茶匙、1/4茶匙。有时也有一汤匙和一茶匙的量。

二、不锈钢碗

大多数厨房配备了各种碗。不锈钢碗在厨房里常用于混合搅拌食物，被认为是打蛋清的最佳选择，或是用作储存的容器。

三、储存容器

厨房里的食物分几个阶段储存：生的、部分准备的、煮熟的。这些是为了第二天的服务而保存的，或者是作为冷冻物品保存更长时间的。有足够的容器在冰箱或冰柜中安全存放食物是至关重要的。

还需要塑料保鲜膜、铝箔和冷冻包装。另外，应该还有固定和标记储存食物的工具，包括胶带和防水标记。

四、筛子、过滤器、瓷器

筛子和过滤器用于过滤透气，并帮助从干燥的原料中去除大的杂质。它们也被用来过滤或制蓉煮熟的食物。

五、制蓉器

用手操作的曲柄，在圆盘上有旋转扁平、弯曲的叶片。大多数专业型号都有可互换的内盘，有不同细度的孔。

图中：温度计、去皮刀、酱汁勺、挖球器、小勺子、大小镊子尺、硅胶铲、L形铲、滚轮刀、松肉针、过滤网、打蛋器、磨刀棒、肉锤、擦粉器。

第三章
西餐中的切割技术及准备

第一节 刀 法

刀法包括基本刀法和高级刀法，每天用来准备蔬菜和其他配料。其中一些刀法是非常熟悉的，其他的则是不寻常的，甚至可能需要专门的工具或设备。一些配料（洋葱、辣椒、西红柿和京葱）可能需要特殊处理或预先准备。

一、握刀和手法

（一）握刀

在工作中最重要的是要舒适地使用你的刀，有几种不同握刀的方式。正确的握刀方式将避免手指被切到。所选择的握刀方法也根据手头的任务来决定。精细的切割或成形技术需要更精确的控制，粗糙的切割和切割任务时需要更加牢固的抓握力和更多的杠杆原理。

厨师刀的三种基本握法如下：

第一，用四根手指握住刀把，拇指轻轻但坚定地放在刀背上。

第二，用四根手指握住手柄，拇指紧紧地贴在刀的侧面。

第三，用三根手指握住刀柄，将食指放在刀刃的一侧，拇指放在刀刃的另一侧，为更精细的切割提供额外的稳定性和控制能力。

（二）手法

引导的手，即不拿刀的手，用于掌握被切割的对象。这样做是为了防止当你切的时候食物滑落。它也使你更容易控制切片的大小。你的手指指尖按住物体，拇指弯在后面，指尖稍微收起来，指关节弯曲到指尖。然后刀片靠在你的指关节上，防止你的手指被割伤。

当连续切的时候，你的手指应该向后移动，保持握姿和控制，另一只手握住刀切，使每一个切口的宽度都一样。

二、基本刀法

基本刀法有：粗切和切末、粉碎、细切、切丝、切丁、切菱形、切圆片、斜切或卷切。无论什么时候切什么东西，你的目标都应该是把食物切成统一的形状。

蔬菜改刀的基本尺寸

种类	尺寸	种类	尺寸
切丝	1/4 英寸 ×1/4 英寸 ×1~2 英寸	中丁	1/2 英寸 ×1/2 英寸 ×1/2 英寸
细丝	1/8 英寸 ×1/8 英寸 ×1~2 英寸	大丁	3/4 英寸 ×3/4 英寸 ×3/4 英寸
短条	1/4 英寸 ×1/4 英寸 ×2~2.5 英寸	指甲片	1/2 英寸 ×1/2 英寸 ×1/8 英寸
切丁	1/8 英寸 ×1/3 英寸 ×1/3 英寸	橄榄整形	七面 2 英寸侧面
小丁	1/4 英寸 ×1/3 英寸 ×1/4 英寸	细条	通常只指土豆

如图，蔬菜改刀实例。

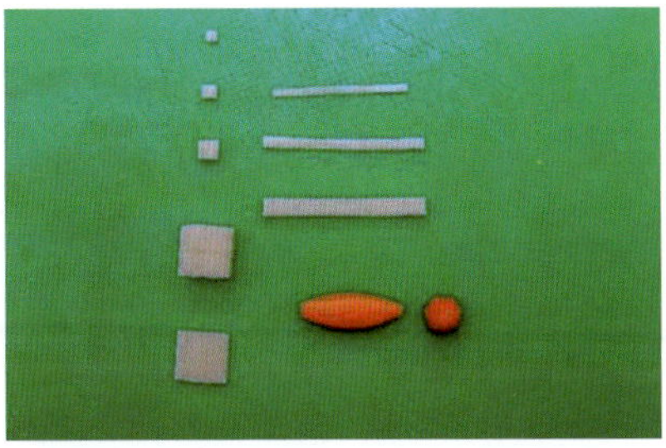

（一）蔬菜和水果去皮

许多蔬菜和水果在切开之前应该去皮。旋转刀片削皮机是常用的，只能从蔬菜的外面切很薄的条。削皮刀可以用来去皮。较厚或较硬的表皮则需要用厨师刀来切掉，如冬瓜、菠萝、芜菁、甘蓝或块根等。两种基本去皮技术如下：

第一，用削皮刀刮胡萝卜。

第二，使用刨子去皮。

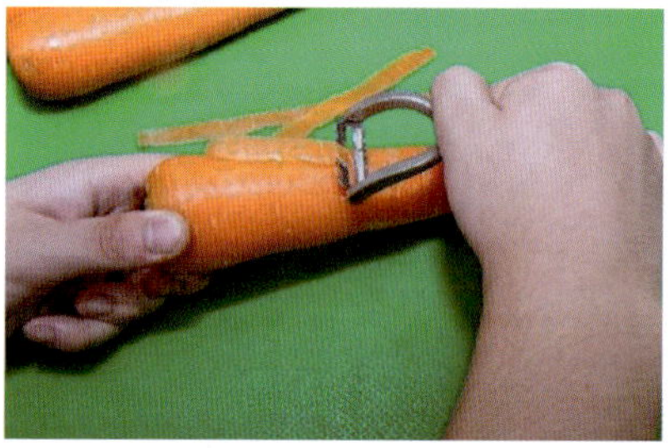

（二）粗切

这种方法经常用于洋葱、胡萝卜和西芹，它们通常会在上菜前被过滤掉并丢弃。粗切的方法如下：

（1）清理蔬菜的根部和茎端，去皮。

（2）切片或切块，都要切得相对均匀。不需要切得很整齐，但所有块的大小应该大致相同，以便它们煮均匀。

（三）切末

这是一个非常精细的切法，特别适合香草和其他调味材料，如大蒜和葱。

通常一手用来握住被切的东西，另一手引导握住刀尖的位置，直到切成细末。方法如下：

（1）将香草或切碎的大蒜或葱放在砧板上，刀放在要切的物品上面。

（2）保持刀尖对着砧板，刀根迅速抬起或放下，反复切香草或蔬菜。

（3）继续切碎，直到达到所需的细度。

（四）细切的蔬菜

切好的细丝、蓉通常用作装饰品或垫于大块食物下。方法如下：

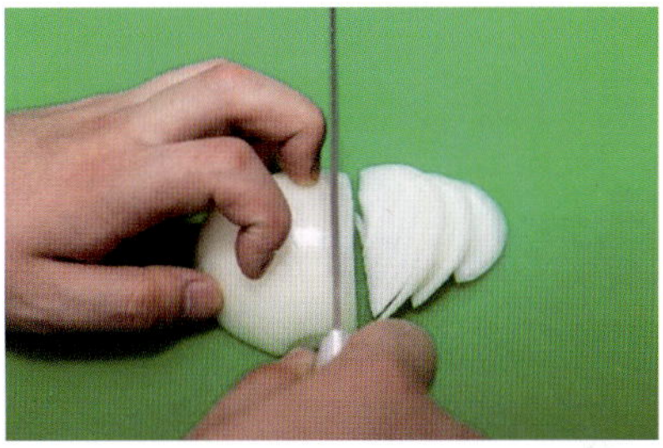

（1）在切青菜（如比利时菊苣或卷心菜）时，就要切成两半后再切，这样切起来容易些。对于大而松散的绿叶蔬菜，可以在切割前将叶片紧密地卷起再切。对于较小的叶子，把几片叶子叠在一起切。

（2）用厨刀切成细丝，平行切成细丝。如果喜欢的话，刨丝器也可以用来刨卷心菜。

（五）丝和短条

丝和短条，切割成长的矩形。相关的切割方法是以各种薯条为标准。这些切法之间的差异是以最终成品的大小区分。方法如下：

（1）修整原料，使其边是直的，这将更容易产生均匀的切割（边角料可以适当地用于汤、底汤等的准备工作中，其形状并不重要）。

（2）把原料纵向切成薄片，平行切成适当的厚度。

（3）将切片堆叠起来，对齐边缘，并通过堆叠做相同厚度的平行切割。制作短条的话，应该切厚一些。要将原料切成细丝，就先要将原料切成非常薄的片。

如图，将土豆切成丝。

第一，将土豆切成方形，使其在砧板上稳定。

第二，切成均匀的薄片，1/8英寸厚。

第三，切片堆叠并以1/3英寸的间隔切成丝。

（六）切丁

切丁是另一种刀法技术，可以将原料切成立方体的形状。按不同的要求准

备不同大小的丁。按不同大小的丁起的名字分别是细丁、小丁、中丁和大丁。方法如下:

（1）修整原料，切成丝或短条。

（2）集中细丝和短条，均匀地横着切割。

如图，将土豆切成小方块。

（七）指甲片

切法类似拼字游戏中使用的正方形片。它们通常用于配汤、炖菜。大小可能不同，取决于蔬菜的预期用途，通常切1/4英寸厚的方片。方法如下:

（1）修整蔬菜成短条。

（2）在短条上以大约1/4英寸的间隔进行均匀、薄的横向切割。

如图，从短条到指甲片的切法。

（八）菱形片

菱形片切法与指甲片相似。将蔬菜切成薄片，然后切成适当宽度的条状，方法如下:

（1）把蔬菜切成薄片。

（2）将薄片切成所需宽度的条状。

（3）做初始的偏切，偏切下的可以留下当边角料使用。

（4）与第一次平行，继续进行倾斜偏切。

如图，将胡萝卜切成菱形片。

（九）圆片

这是最简单的一种刀法。形状是圆柱形的切片效果，如胡萝卜或黄瓜是横向的。圆片的基本形状是圆形的，可以把蔬菜斜切成一个细长的或椭圆形的圆片，或者把它切成两半，分成半月形。如果用槽刀在蔬菜上刻痕，就会形成花的形状。方法如下：

（1）如有必要，先将蔬菜修整去皮。

（2）以均匀的间隔平行横向切蔬菜。

如图，圆片和半圆片的切法。

（十）斜切片

斜切常用于蔬菜的翻炒和其他亚洲菜。它的切法将蔬菜表面积最大化地展露，采用这种切法缩短了烹饪时间。方法如下：

（1）将去皮或修整过的蔬菜放在工作台上。

（2）在斜面上做一系列平行的均匀切割。

第二节　特殊的和装饰性的切割技术

许多特殊的切割工具，如苹果削皮器、刨丝器、切丁器等，一定要阅读使用特殊刀具的说明，并使用所有可用的安全防护装置。旋转削皮机也可以用来加工特殊的食材，比如把帕尔马干酪削成卷曲或剔成薄片，放在生牛肉片或凯撒沙拉上。挖球器可以用来制作不同大小的球。

一、旋转开槽法

旋转开槽法需要多一些实践来掌握，其结果是一个很有吸引力的装饰。它通常用在蘑菇上。方法如下：

如图，刻旋转蘑菇花。

第一，用一只手的拇指和食指夹住蘑菇。用另一只手引导削皮刀的刀刃，对准蘑菇帽的中心以一个角度，开始切割一个凹槽，把刀片平滑地放在蘑菇上。

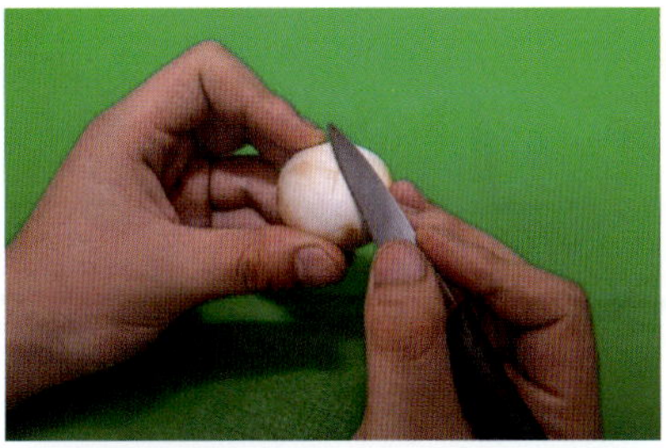

第二，将刀向蘑菇帽边旋转，切出浅槽。在刀片切割的同时，夹蘑菇的手将蘑菇转向相反的方向，继续切割开槽。

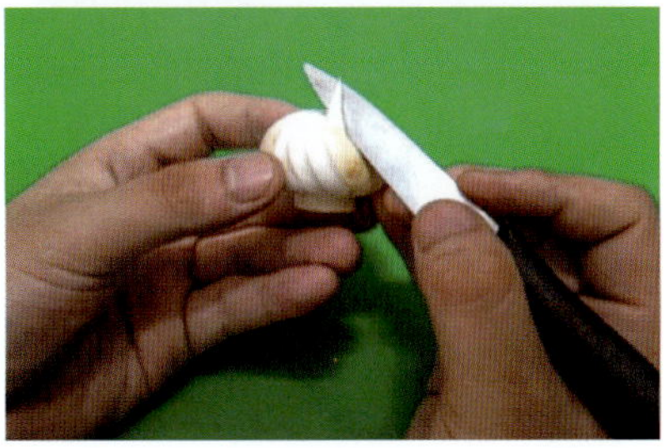

第三，将蘑菇轻轻旋转，直到整个蘑菇盖子全部均匀开槽。整修多余的边角料。

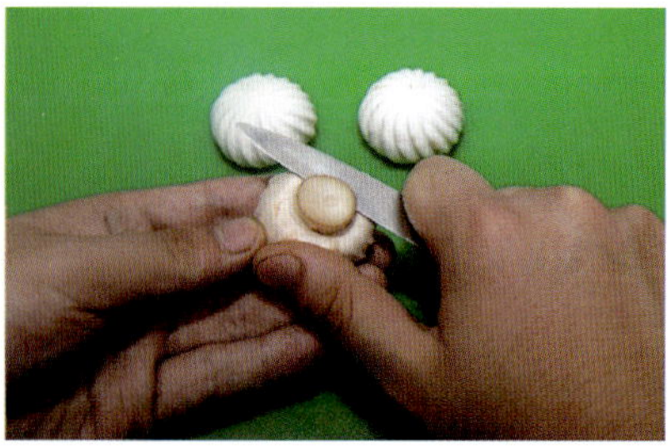

二、扇形

扇形切割是一种基本的易于掌握的切割方式，它被用于生的和煮熟的食物，如泡菜、草莓、半桃、西葫芦、牛油果和其他有些柔韧的蔬菜和水果。方法如下：

如图，将酸黄瓜切成扇形。

扇形的切法保持食材的茎端完整，通过茎端做一系列平行的垂直切片。把切好的食材铺成扇形。

三、滚刀切

滚刀切主要用于长、圆柱形蔬菜，如防风根、胡萝卜和芹菜等。方法如下：

第一，把去皮的蔬菜放在砧板上，对角切去末端。

第二，把刀放在同样的位置，把蔬菜旋转180度（半圈）。通过同一对角线，形成一块有两个角的边缘。

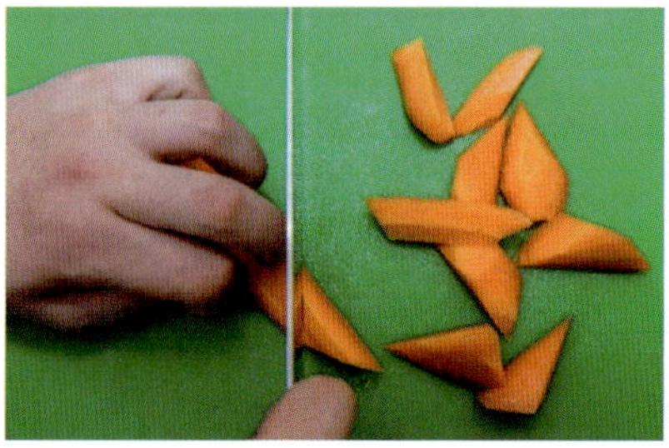

第三，重复这个步骤，直到切好整个蔬菜。

四、削橄榄形

削橄榄形需要一系列的切法，同时修整和塑形，形状可以比作桶形或球形。一般来说，削橄榄形蔬菜根据它们的大小，有不同的名字。方法如下：

第一，根据需要，把蔬菜去皮。

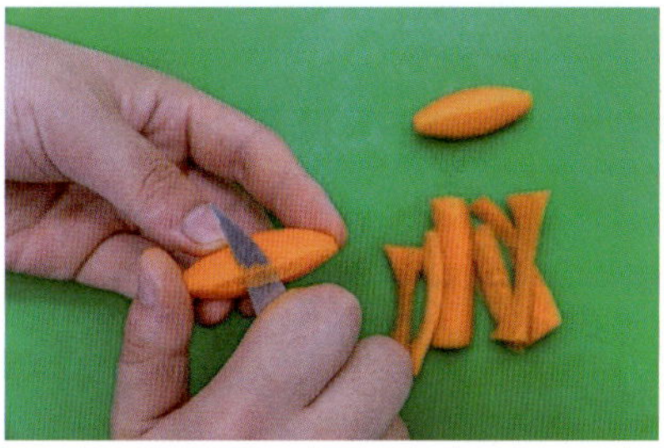

第二，将蔬菜切成便于处理的大小。将大的圆形或椭圆形蔬菜，如甜菜和土豆，切成四分之一、六分之一或八分之一（根据它们的大小），形成略大于2英寸的块状。

第三，用刀将分成等份的块整成桶状或足球形状。表面应该平滑、均匀间隔、形成锥形，使两端比中心窄。

第三节　蔬菜的切割技术和准备工作

为了一个平稳的服务周期，需要准备原料的数量会有所不同。一些菜品需要大量的准备工作，包括番茄小碎丁、香草碎、烤圆椒、晒干的番茄和其他配料。以下将按类型来介绍准备食品。

一、蔬菜的切割技术

（一）洋葱

洋葱是任何厨房中最不可缺少的配料之一。它们可以被切成各种形状和大小。切的时候最好尽可能接近你需要的时间。切洋葱的时候，会有一种强烈的辛辣气味。

洋葱是分层生长的，所以需要特殊的切割技术。方法如下：

（1）用刀去除洋葱的顶端。去皮和底层剥掉褐色的斑点，清理根部并保留不用切去。

（2）把洋葱从根纵向切成两半。将切开的一面放在下面，均匀地用厨师刀的刀尖间隔、平行、纵向切开，同样保持根部完整。切得越接近，洋葱丁就会越细。

（3）从洋葱的顶端向根部方向横切两到三下，但不要全部切穿。

（4）用厨刀横着切，从茎顶部切到根部。

如图，洋葱剥皮和切洋葱的方法。

第一，将洋葱去皮，保持根端完整。

第二，将洋葱从头到尾切成两半。

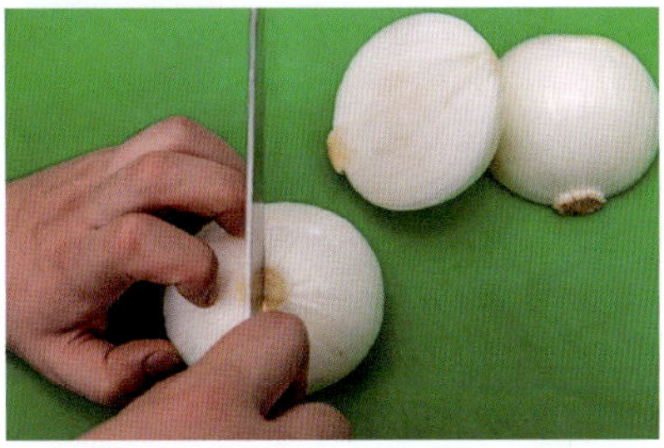

第三，将洋葱做一系列的平行切割，使根部完好无损。

第四，与工作面平行的水平切割。

第五，切好的洋葱。

（二）大蒜和干葱头

切碎的干葱头和大蒜，在很多烹饪中都是必不可少的。例如，它们被用于水煮物品中的香料，或用于收汁酱料的还原调味。重要的是要有足够的准备，以持续整个服务周期。为了防止细菌滋生，储存未煮熟的切碎的葱或大蒜一般要用油封住至表面层并冷藏。

大蒜和干葱头可以买到已经加工好的，虽然很有吸引力，但很多厨师强烈地觉得原料的切割和使用应尽可能接近烹饪时间。

1. 加工大蒜末的步骤

（1）为了使蒜皮变松，将大蒜放在刀口和砧板之间将蒜瓣压碎，去皮，去除根部和棕色斑点（这个技巧也适用于任何你需要碾碎大蒜的地方）。

（2）如果需要的话，在剁碎大蒜之前撒上盐，这样通过碾磨吸收多余的蒜汁，更容易捣碎。

（3）大批量的大蒜和干葱头可以在食品加工机中打碎。

要把大蒜碾成糊状，用刀斜靠着砧板碾，把大蒜碾成泥状，重复这个步骤即可。

2. 烤大蒜和干葱头

大蒜和干葱头的味道在烘烤后变得浓郁、香甜并带有烟熏味。这种做法很流行。烤大蒜可以作为卤汁、酱汁和香醋的组成部分，也可以涂在烤面包上。方法如下：

（1）将未去皮的蒜头或葱头放入小平底锅或大浅盘中，有些厨师喜欢把它们放在盐床上，盐能保持热度，让大蒜快速烤熟，使成品的质地更加干燥。

（2）以适中的温度将大蒜或青葱烤至相当软。此时大蒜或干葱头应该是棕色的，香气应该是甜的、令人愉悦的，没有刺鼻的辛辣味。

（三）京葱

京葱的清洁是工作中最大的顾虑，京葱的种植环境而使其层与层之间夹杂着沙砾，因此必须仔细地冲洗干净。

切去京葱的根须部分，留下的末端处应该是完好的。深绿色的叶子也要去除。

知识拓展：

1. 番茄小碎丁：将番茄去皮，去籽，切丁。
2. 热盘：一种金属烹饪盘，常用来盛放食物，可用来烘烤部分食物。

二、额外基础准备工作

额外基础准备工作除了正确地去皮、修整、切蔬菜和水果，厨师还必须有其他材料在手。

还必须有各种香料、面糊、基本高汤、酱汁、馅料和腌料等。

（一）增稠剂

增稠剂被添加到汁水中，使酱汁、汤、炖菜更加饱满浓稠，你选择的增稠剂会对成品的整体产生一定的影响。一些增稠剂，如乳酪糊和明胶，需要精心处理才能达到最佳效果。其他的包括葛浆等，准备所需的时间和将它们正确地纳入液体中的要求较低。

（二）浆液

浆液是淀粉（竹芋粉、玉米淀粉或米粉）溶解在冷的液体中。混合物应该与浓奶油一样的稠度。制作方法如下：

（1）将淀粉与一到两倍于其体积的冷液体充分混合。如果淀粉有块状，一定先要搅拌好，然后再把它倒入热液体中，因为淀粉容易沉淀。

（2）用文火或小火煮热液体。

（3）逐步加入浆料，不断地搅拌，防止结块和烧焦。

（4）将液体重新煮沸，直到酱汁达到所需的稠度和清晰度。

酱汁、汤和其他使用增稠剂的菜肴保存时间有限，一定要定期检查其质量。因为增稠会很快失效，最好在需要的时候再使用淀粉类来增稠。

（三）黄油面糊

黄油面糊意为糅制黄油，是等量的软化黄油和面粉的混合物。有时被称为“生面糊”，它是用来快速使酱汁和炖菜更浓稠。黄油面糊制成的成品中等稠度，质地光滑，通常用于蔬菜（如豌豆）和烩鱼。方法如下：

（1）将黄油变软，直到它变得柔韧，不能熔化至油乳分层。

（2）加入等量的面粉，搅拌成糊状。当使用少量时，用木勺搅拌，勺与锅之间的摩擦，有助于把黄油和面粉快速地搅拌在一起。当大批量制作时，要使用带有叶片的电动搅拌机。

（3）如果黄油面糊不是立即使用，将其包裹起来，放在冰箱里。

（四）面粉糊

这种增稠剂是用油脂和面粉一起烹饪制成的。面糊通常是事先准备好的，需要时可以大量使用。黄油是最常用的油脂，但鸡油、蔬菜油或者从烤肉中提炼的脂肪也可以使用。不同的脂肪会有微妙的戏剧性的影响，对成品菜肴的口味有着重要的影响。

油脂和面粉的标准比例是重量的一比一，但这取决于油脂的品种。这个比例可能需要稍加调整。熟面糊应该是湿润的光洁的，但不是油腻的。一个常见的描述是“像退潮的沙子”。

1. 面糊有四种基本类型

在浓稠度、香气和颜色方面各不相同，面糊煮得越久，其浓稠度越低，香味越浓、颜色越深。

（1）白色面糊：几乎没有颜色，像粉笔一样。

（2）淡色或金色面糊：呈金黄色，略带坚果香味。

（3）棕色面糊：深棕色，带有浓郁的坚果香味。

（4）深棕色或黑色面糊：非常深棕色到黑色，带有强烈的烧焦的气味。

2. 制作面糊的方法

（1）将黄油或其他脂肪在平底锅中用中火加热熔化。

（2）加入面粉，搅拌至均匀。

（3）如有必要，可加入少量面粉以达到适当的稠度。

（4）烹饪时要不断搅拌，直到想要的颜色。面糊外观应该是光滑的。

（5）如果面糊不是马上使用，放凉后包裹好，放在冰箱里。

制作面糊。

第一，将面粉加入加热的清黄油中。

第二，中火烹饪。

第三，适当的纹理。

第四，金色、棕色和深棕色。

大量的面糊可以在烤箱中制作。油脂熔化后，按上一种方法加入面粉。然后将平底锅放入中等温度的烤箱（350℉~375℉/175℃~190℃），将面糊加工至所需的颜色。在烹饪过程中应该时常搅拌一下。

所谓“干面糊”，可以通过在烤箱中轻轻烘烤面粉来制作。这种面糊经常用于“卡真菜”。

3. 面糊与液体的结合方法如下

（1）确保面糊和液体的温度不同。热液体和冷面糊或冷液体和热面糊，这样使用防止结块。逐渐地把一个加到另一个中，不断抽打搅拌，形成薄糊状。

（2）慢慢地把汤或酱汁煮到沸点，偶尔搅拌一下。

（3）小火慢炖，偶尔搅拌，至少20分钟，煮出味道。

为了测试是否还有生粉味，将少量的酱汁放在舌头上品。它不应该感觉像沙砾或黏。如果是，继续煮，直到生粉味完全消失。

（五）奶油蛋黄糊

蛋黄和奶油的混合物可以使酱汁和汤变浓稠，还能增添风味，使其质地光滑，色泽金黄。

最基本的比例是三份奶油和一份蛋黄，酸奶油或鲜奶油可以代替浓奶油。按重量计算，8盎司（240毫升）重奶油和三个蛋黄的组合足以使24盎司（720毫升）的液体变稠。

永远不要把奶油蛋黄糊直接加到沸腾的液体中，因为热量会导致蛋黄“开花”。为了避免这种情况，用一些热液体慢慢添加，以提高面糊的温度，这个过程被称为“缓和”。

（六）明胶

明胶是用来稳定泡沫和稠化液态混合物的，一定是制成冷产品。大约2盎司（75克）的任何类型的明胶会使1加仑（3.75升）的液体凝固。如果液体中含有抑制作用的糖或酸性成分，则需要更多的明胶胶凝。准备并使用明胶并添加到其他食品中的方法如下：

（1）使用前将明胶浸泡在冷液体中。这个过程被称为“盛开”，凝胶软化并开始吸收液体。

（2）熔化溶解的明胶晶体。可以通过软化的明胶和部分温和液体混合，或者用低功率的微波炉加热，以熔化晶体。

（3）将溶解的明胶与液体混合均匀搅拌，冷却直到混合物凝固。

（七）泡芙浆

泡芙浆，又称奶油泡芙膏，是基础的甜点，与多菲内奶油土豆一样美味，多菲内奶油土豆是咸味的。

知识拓展

1. 夹心泡芙：由泡芙浆制成的小泡芙。

2. 手指泡芙：一种由泡芙浆制成的长方形糕点。

3. 泡芙圈巴黎·布雷斯特：泡芙上面撒上杏仁，再配上调味奶油。以巴黎和布雷斯特之间的自行车比赛命名，形状像一个自行车轮胎。

4. 多菲内土豆：土豆泥结合泡芙形状，裹上蛋液和面包屑，油炸。

三、调味组合和基本的芳香

经典的调味组合包括：辛香蔬菜丁、马提翁烩菜、腌料、洋葱等。这些有香味的蔬菜、香草和香料的组合是为了加强菜的味道，而不是主导菜的味道。

（一）盐和胡椒混合

这两种调料是菜肴最后调味的重要组成部分。为了简单起见，许多厨师喜欢将各种调味料，从单一混合成更复杂的调味料，用于许多不同的准备工作中。在碗或摇瓶中准备好混合物，以添加到菜肴中。盐和胡椒的比例通常是四份盐和一份胡椒。如果使用海盐，这个比例可以改变，因为它们与普通食盐有不同的风味和咸度。

（二）辛辣料混合

我们可以购买混合香料，如咖喱粉、伽拉姆马沙拉和辣椒等已经准备好的粉末。然而，我们可能更喜欢自己混合最新鲜的味道。如果需要的话，可以在平底锅里轻轻烤一下，直到它们开始散发出香味。

香料可以用研钵和杵磨碎，或在香料研磨机、咖啡研磨机中粉碎。

知识拓展：

1. 伽拉姆马沙拉：一种由多达12种干香料组成的印度香料混合物，其中包括肉桂、丁香、香菜、孜然、小豆蔻、辣椒、茴香、肉豆蔻。
2. 研钵和杵：一种由碗和研磨棒组成的传统工具，用于磨碎香料、药草的准备材料。
3. 鱼汤：用鱼骨、葡萄酒和辛香蔬菜制成的高汤。

（三）辛香蔬菜（蔬菜三宝）

这是切碎的芳香蔬菜的混合物，俗称“蔬菜三宝”。通常有洋葱、胡萝卜和芹菜，用于调味高汤、汤、红烩和炖菜。配料的基本比例是两份洋葱（按重量分）配胡萝卜、芹菜各一份。当然这些蔬菜不属于最后的成品部分，部分可以不需要去皮。

蔬菜切割的大小取决于如何使用。准备简短烹饪时，如鱼汤，应将蔬菜切成片或剁成小块。如果准备时长超过一个小时的食物时，蔬菜可以切成更大的块，甚至用整块。

根据特定配方的需要，还可以在调料中加入其他配料。

（四）白色辛香蔬菜

这种组合用防风根或茴香根代替了胡萝卜，这样做是为了确保完成的酱汁或汤颜色洁白，成品颜色是象牙色或白色。京葱可以代替洋葱，也可以和洋葱混合使用。

（五）马提翁蔬菜

马提翁蔬菜有时也被称为“可食用蔬菜”，是一种辛香蔬菜的组合并作为成品的一部分。因此，这些蔬菜要剥皮并切成均匀的方块。也加入些切成丁的火腿或培根，以增加味道。

马提翁蔬菜通常用于猪肉。配料的比例一般为胡萝卜两份、西芹一份、京葱一份、洋葱一份、蘑菇（可选）一份、猪肉（火腿或培根）一份。根据需要，也可能包括其他各种香料。

（六）香料束

这是另一种新鲜香草的组合，用于调味高汤和其他美味食物，法语的意思是“香草花束”。一束新鲜香料束的组合通常含有新鲜百里香、平叶荷兰芹茎、芹菜茎和月桂叶的蔬菜和香草，捆成一捆。

当一束香料提供了足够的味道（由品尝决定）时，应该从食物中将它取出并丢弃。如果需要留一端长长的绑香料束的绳子，那么可以绑在锅把上，这样取出香料束就很容易。

如图，香料束的准备和组合。

第一，准备工作。

第二，把香料裹在京葱中。

第三，捆成一捆，准备使用。

（七）香料包

标准的香料包，法语的意思是“袋装香料”。含有欧芹茎、干百里香、月桂叶、胡椒碎，用粗棉纱布包裹。同香料花束一样，当足够的味道被释放到原料或其他准备的食物中后，应将它取出并丢弃。

如图，准备香料包。

第一，准备香料。

第二，将香料用棉纱布包裹。

（八）欧尼翁洋葱香料块和烤洋葱

洋葱香料块和烤洋葱都是一种调味香料。将整个洋葱切成两半或四块。欧尼翁洋葱块是用丁香和月桂叶插入洋葱制成的，用于白汁和一些汤类。

烤洋葱的方法是将洋葱剥开，横切成两半。然后，将平底锅烧热，把切开的洋葱面烤焦，可以为一些清汤增添金棕颜色。

如图，欧尼翁洋葱香料块和烤洋葱。

在洋葱上插入月桂叶和丁香。

四、腌渍

最初，腌渍的目的是软化肉质，调味组合是用来掩饰肉类的味道。如今，我们认为这不再适合我们的客人。在当代的厨房里，它们经常被用来增加食物自然柔嫩的风味。

腌渍的三种腌料是油、酸和新鲜香料。无论是在腌制或是烹饪过程中，油主要用于保护和保存食物。酸，如醋、酸奶、葡萄酒和柑橘类果汁，都会改变食物的质地。在某些情况下，酸会使食物变硬，就像用酸橙汁做成的酸橘汁腌鱼一样。另外, 它将打破食物的组织结构纤维，使食物更加柔嫩。

五、黄油的澄清

（一）黄油的澄清方法

（1）用平底锅或蒸锅将黄油加热，直到黄油和牛奶凝固分离，撇去表面的泡沫。

（2）将澄清好的黄油留在蒸锅中冷藏，直到变硬。

（3）用勺柄在硬化的黄油上钻一个洞，倒掉水和积聚在容器底部的乳制品。

（4）根据需求重新熔化黄油。

（二）黄油的澄清过程

第一，加热黄油至油乳分离。

第二，从锅中舀出澄清的油。

第三，锅里留乳制品。

第四，整个澄清过程：刚熔化的黄油（左），黄油开始澄清（中），完全澄清的黄油（右）。

六、鸡蛋的分离

在开始这个过程之前，应该准备四个独立的容器。分别用来放蛋白、蛋黄、干净的蛋清、保存被蛋黄污染的蛋白。鸡蛋在冷的时候最容易分开。

（1）在一个小碗上打开鸡蛋。

（2）将鸡蛋在两半蛋壳之间来回移动，插入蛋壳，滤下蛋清并放入小碗。

（3）将蛋黄放在容器里。

（4）检查蛋白。如果蛋白是干净的，将其转移到蛋白的容器中；如果有蛋黄痕迹残留，将其单独保留，用于煎奄列蛋或用作其他。任何蛋黄的残留都会阻碍蛋白的正常打发。

七、搅打原料成泡沫状

（一）蛋白打发

使用铜碗打蛋清，会使蛋清发生化学反应，很好地稳定打发的蛋白，尽可能将蛋白最大化地打发。所有的油脂都必须消除，油脂（包括蛋黄）都会抑制蛋白打发。将碗洗净，用白醋除去油脂，然后用热水冲洗。

如果蛋清不是很冷的话，会更容易打发。可以用文火隔水慢慢加热，也可以在室温下打发，方法如下：

（1）开始用打蛋器或机器以中速搅打蛋白，用手将碗倾斜更容易打发。把碗放在折叠的毛巾上，以防滑倒。

（2）当蛋清里有很多泡沫时，要加快搅打的速度。

（3）将蛋清打到适当稳固的阶段，可以额外添加些奶油或糖，一般不建议在达到中等峰值阶段之前添加。

① 软峰。当打蛋器向上拉过蛋清时，蛋清呈下垂的圆形峰值。在这个阶段，白色的表面看起来潮湿、有光泽。

② 中峰。蛋白打到中等峰值阶段，会有一个潮湿的表面，形成圆形但相当稳定的峰值。在这一阶段，可以添加糖和其他调味料。

③ 硬挺的峰值。当打蛋器从蛋清中取出时，它们就会竖立起来，形成坚硬稳定的峰值。这时至关重要的是停止抽打，表面仍是潮湿和有光泽的。打发过度的蛋白可能仍然像那些处于硬挺高峰阶段的蛋白，但它们的表面会看起来很干燥，失去弹性。如果蛋清被进一步搅打，鸡蛋中的蛋白质就会凝结成一团，水分会流失。

蛋白打发方法：

第一，形成了厚厚的泡沫。

第二，柔软的峰值。

第三，硬挺的峰值。

第四，蛋清开始干涩，这是打过头了。

（二）蛋白饼

把糖加到打好的蛋白中可以做成蛋白饼。除了糖也可以添加其他配料，如可可粉和坚果粉，以增加风味和质地。

蛋白饼分类如下：

（1）软的、普通的蛋白霜。由蛋白和砂糖搅拌制成。厨师们更喜欢用它来获得更好的口感。这种蛋白酥皮常用于制作派，也被用来制作水煮蛋白酥。

（2）瑞士（或硬）蛋白霜。要求更高比例的糖制成软蛋白酥皮。这种蛋白酥皮经过裱花成贝壳、蘑菇等形状进行烘烤。

（3）意大利蛋白霜。在打发蛋白的顶峰阶段慢慢倒入糖浆（煮至114℃），边倒边搅打。

知识拓展：

烤阿拉斯加：一种上面有一层蛋白酥皮的冰激凌甜点；蛋白酥皮在常热的烤箱中或用喷灯很快就会变成棕色。

（三）奶油打发

打发奶油的方法和搅打蛋清的方法一样。奶油打发后应该是凉的。冷却的碗和容器，打蛋器打发搅拌也有助于达到最好的效果。等奶油被搅打得至少很软之后再加糖和其他调味料。

就像蛋清一样，奶油也会被过度打发。过度打发的奶油会形成粒状，甚至会形成块状，如果继续搅拌，奶油会变成黄油。

打发奶油的过程：

第一，奶油开始变稠了。

第二，软峰正在形成。

第三，形成硬挺的的峰值。

第四，打过头的奶油。

（四）打发泡沫与基础底液混合

将打发泡沫与基础底液混合，是为了生产出轻巧、纹理细腻的成品，如沙弗莱、慕斯等。巴伐利亚奶油就是通过加入打发泡沫而变轻的。

打发泡沫与基础底液混合方法如下：

（1）将基础底液放在一个大碗中，以混合搅拌运动。混合或搅拌这种混合物，事先要软化它，特别是如果已经被冷藏了一段时间。

（2）加入约三分之一的打发的蛋白或奶油，从碗的侧面到碗底部，再回到碗的表面做圆周运动，直至均匀混合。

（3）将剩下的蛋白和奶油放入，重复上述步骤，直到均匀混合。

将打发泡沫与基础底液混合:

第一，将打发泡沫（如下图所示的掼奶油）加入基础底液中。

第二，使用圆周动作轻轻混合。

第三，奶油与底液均匀混合。

八、调和与熔化

调和是一个术语，用来描述将鸡蛋和奶油结合在热的液体中的方法。熔化可用于小心加热的巧克力或翻糖蘸酱，过程中降低了温度，使食物在成品过程中保持光滑。

（一）熔化巧克力

如果巧克力的温度低于29℃，就要重新调整回设定的温度。如果巧克力焦了或出现颗粒状，就不能再使用了。任何水分接触到巧克力，在熔化时都会变硬。

熔化后的巧克力在勺子背面涂均匀裹上，然后变硬，变成有光泽的外壳。那么产品可以接着用叉子蘸上巧克力，放在架子上或一个干净的托盘上，巧克力就会很好地包裹住产品。

（二）准备翻糖糖果

翻糖应加热到70℃，然后根据需要塑形。一旦翻糖冷却，就可以蘸果蓉，用熔化的巧克力进行装饰。

知识拓展：

1. 意大利奶油：由一种意大利蛋白酥和软化的黄油或起酥油混合而成的奶油。

2. 巴伐利亚奶油：由奶黄酱、生奶油和其他调味料如巧克力等附加调味料混合而成的奶油。

九、小技巧——油纸的折叠和剪裁方法

第一，把一张长方形的油纸对折，然后折成一个三角形。

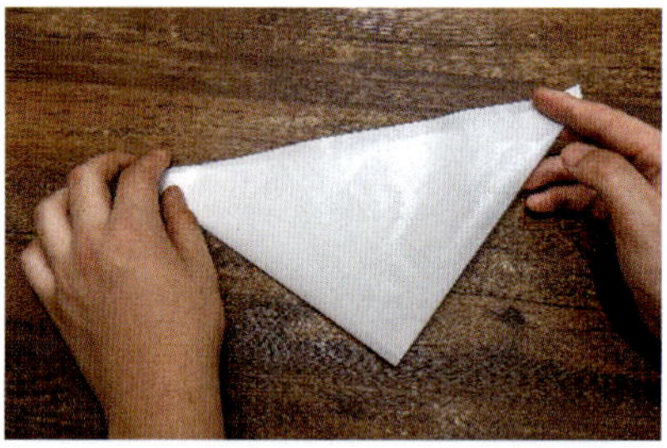

第二，继续把纸折成更小的三角形。

第三，将三角形的尖端放置在平底锅的中心，并修剪较宽的一端以适应。

第四，完整的盖纸。要注意的是，盖纸的中心也要剪去，这样烹饪食物时蒸气就会从孔中逸出。

第四节　肉类的切割技术和准备工作

有时需要用锯或其他特殊工具来切割肉类，本节中主要介绍简单的肉类制作技术，用于制作小牛肉、羔羊肉、猪肉、家禽等，这可能是在大多数厨师的能力范围内。供应商们不一定能够完全按照要求切肉。例如，他们可能熟悉“肉排”这个词，但不清楚什么是“圆排”。因此，切割薄排、圆排等是应该掌握的技能。这也便于控制原料分量的大小，并确保每一份符合标准质量。

一般来说，至少可以将一些清理后产生的“干净的边角料”，使用在其他菜品中（如汤、酱汁、高汤、沙拉和肉饼等）。目的是要尽量使用可用的边角料，也避免浪费。

一、肉排

当使用到肉类的时候，“捶打”一词指的是取一块薄薄的无骨肉。从腰肉、里脊肉或任何其他足够嫩的部位切下，鸡肉和火鸡肉也很常见。在大多数情况下，它们是由胸脯肉制作，也可以使用禽类的腿肉。

肉排通常被捶打到均匀的厚度，以使它们可以快速烹饪，炒或煎。把肉排放在两张油纸或保鲜膜之间，然后用肉锤、木槌或刀背，甚至是煎锅或锅的底部轻轻敲打肉片，从切肉的中心向外运作。

（一）准备薄排

薄排（源于法语，意为稻草床）指的是将捶打好的薄肉排烤熟，炒或煎。小牛肉和家禽的肉排在法国人的主菜中很常见。

（二）准备薄片

这个单词用法语翻译过来是“切碎”。不过，它的切法与切碎的香草或大蒜不同。切成薄片的肉，首先要切取一块无骨的肉，去掉所有的脂肪、筋和腱，切成长条（有相同的直径，如成品切割），再切成片。为了使每片肉相对均匀，通常在1/4英寸厚，1~1.5英寸宽，最长3英寸，这种切法通常用于炒的肉。薄片应取自动物肉质嫩的部位，如腰部、里脊等。

（三）清理牛里脊

里脊肉是最昂贵的部位之一，无论是小牛肉、牛肉、鹿肉还是猪肉。为防止不必要的损失，在修剪里脊时必须最大化使用。

刀应该很锋利。如有必要，随时停下来用磨刀杵磨几下。如果肉上还覆盖着厚厚的脂肪，用去骨刀的刀尖来去除外面包裹的“筋膜”。这层薄膜会在烹饪过程中收缩和起皱，使肉煮得不均匀，而且咬起来非常难，也很不舒服。剔除“筋膜”时，注意使用刀片的角度，使清理的肉完好无损。

展示清理里脊（以6盎司份装的量）的方法：

第一，去掉腰里脊肉上的筋链。

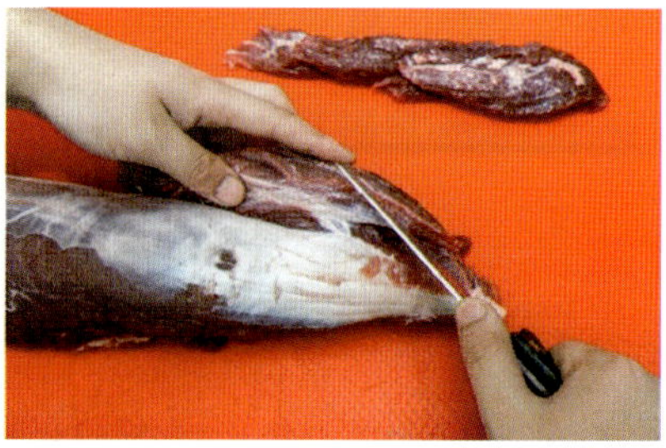

第二，将筋链完全从腰里脊肉上移除。

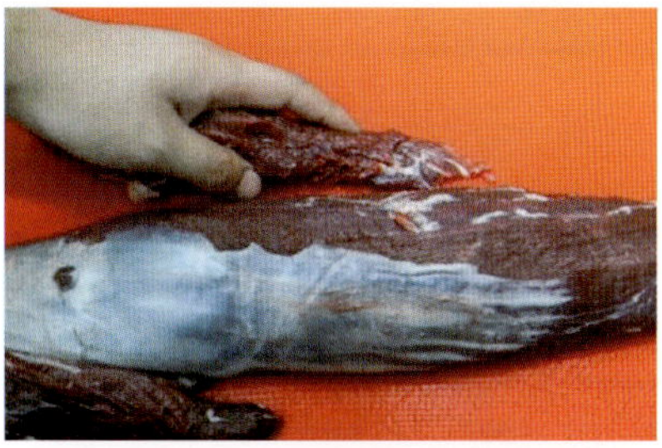

第三，切去筋膜。将刀片稍微向上倾斜，只须切除筋膜。

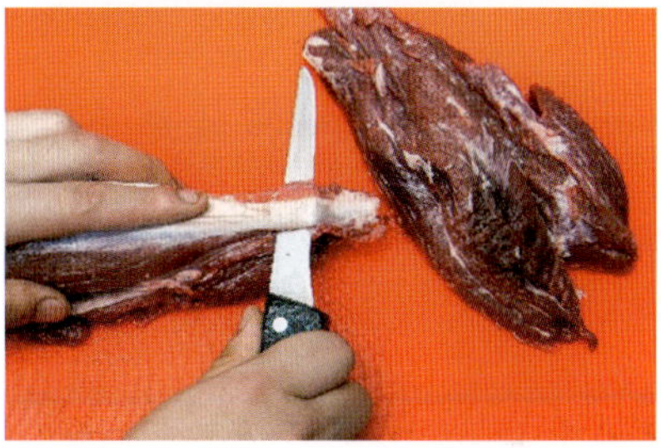

第四，腰里脊切成6盎司份装。

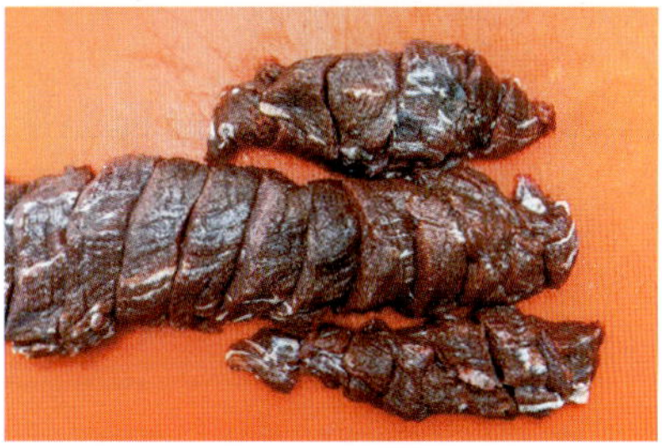

（四）塑形圆肉排

这是从牛肉、小牛肉、羊肉、猪肉或鹿肉的无骨里脊肉上切下的。炖小牛肉片是最常见的，一些特定的菜单中通常只与牛里脊有关，包括菲力牛排和里脊牛排。

这些切法取决于取材的大小，甚至于如何烹饪。圆形薄肉片切割技术如下：

（1）把一块足够大的棉纱布弄湿，将肉完全包裹住，然后把边角收起来。再将肉捻起来，直到将棉纱布捻紧为止。

（2）用刀背面将肉固定在适当的位置，继续扭动，收紧，收成一个均匀的圆盘。

造型如图：

第一，把肉包在用冷水冲洗过的纱布里。

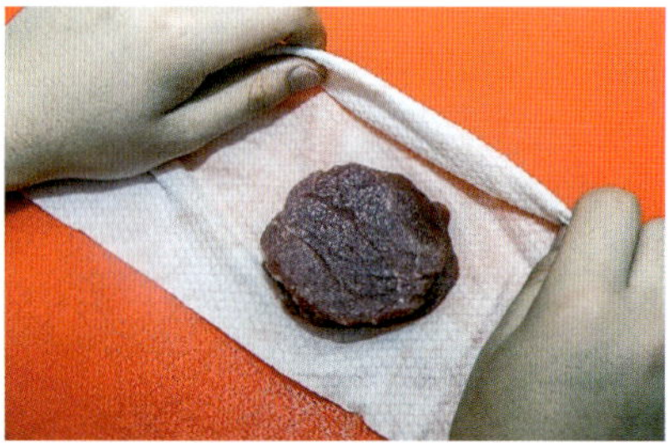

第二，将粗棉布收起来，稍微扭转一下，塑造肉的形状。

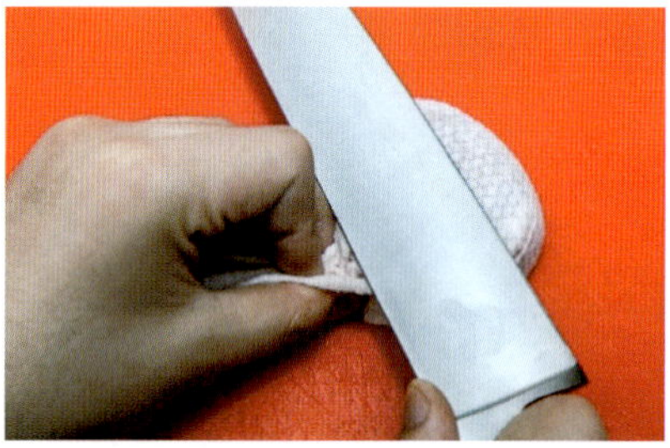

第三，完美塑好形的圆形牛排。

（五）绑烤

这是一种最简单和最常用的肉类加工方式。厨师选用这种方式是确保肉烤熟后仍保持形状均匀的技术。将绳子拉得足够紧，不要把肉绑得太紧，烤出来的肉就会很好。特别注意的是，绳子被留在线轴上，只有在整个烤肉被绑好时再剪断。这种绑法适用于无骨或带骨烤肉。绑烤的捆扎方法如图所示：

第一，用手打出一个活结。

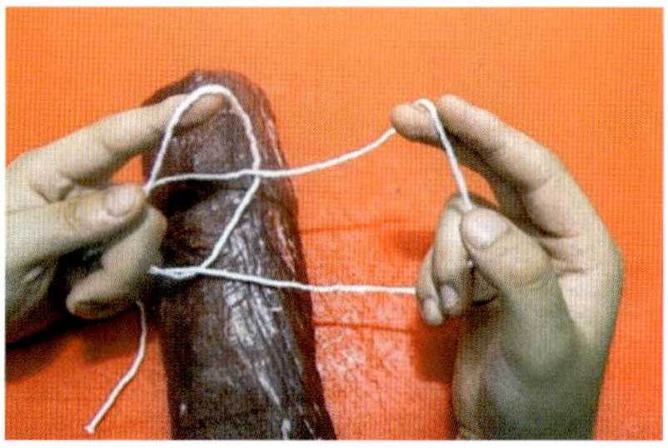

第二，把活结套在肉上，抓住线头的一端扎紧。

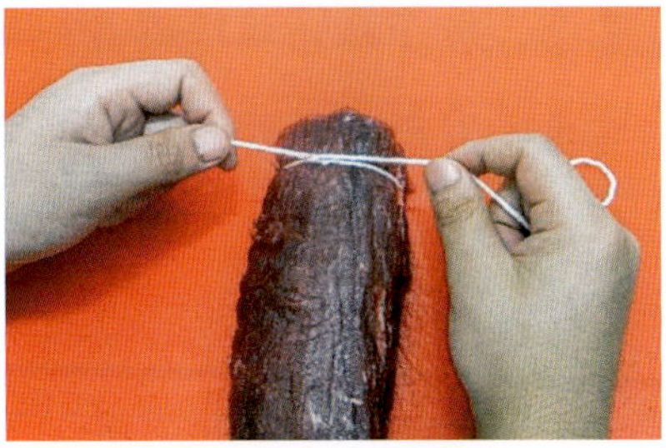

第三，把这个环扭一圈，使环的底部扭回原位。

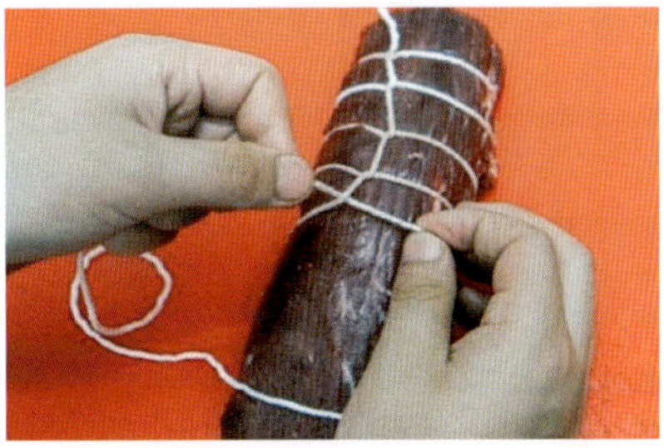

第四，继续打开足够宽的圈，使它可以很容易地绕过肉，完全包围它。

第五，拉一拉绳子松的一端，使环牢牢地绕在肉上。继续重复动作，直到整块肉被圈起来。

第六，把肉翻过来。将串松散的一端通过循环传递，然后在循环下面将它传递回去。把绳子拉紧，继续往下拉。

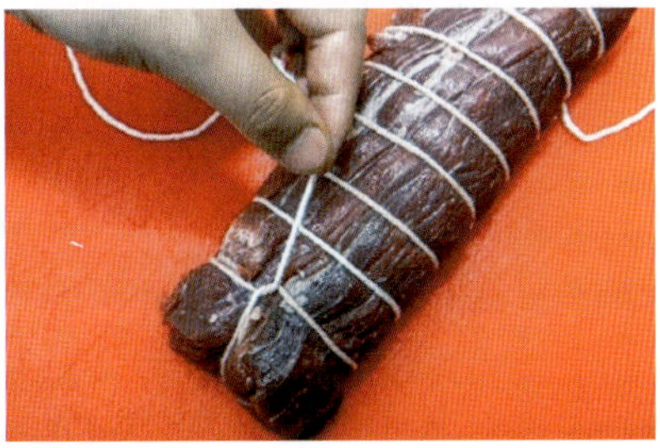

第七，绳子从一端绕到另一端，把肉翻过来。剪断松散的一端，把绳子牢固地系在第一个环上。

第八，这是完成后的腰肉。注意，所有的圈都是均匀间隔的，肉的形状也是均匀的。

二、羊排、牛排、猪排、猪里脊

（一）法切羊排

法切是本节中比较复杂的一种，不过一旦理解了，它就不会变得很复杂，不是特别难掌握。如果需要，可以直接选择从肉类供应商那里订购羊排，但如果你能够更好地把控清理的损失也可以自己做。同样的方法可以用于法国的羊排、小牛肉或猪肉，以及家禽的翼骨。任何清理下的碎肉都可以用来烹饪汤汁、肉汁或高汤。

法切羊排的方法：

第一，从肉眼处均匀地切3英寸，穿过脂肪覆盖，一直切到骨头。

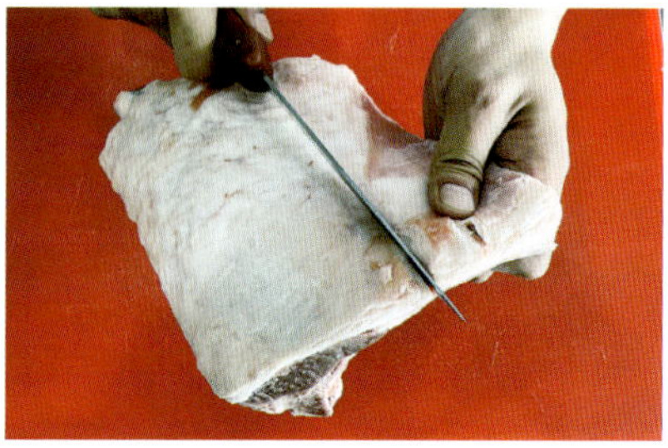

第二，将羊架放在一端，在每根骨头之间用刀切，以最初的切口为导向。

第三，用剔骨刀的刀尖在覆盖骨头的薄膜上划开一道口子，这样可以使骨头很容易地突破薄膜。

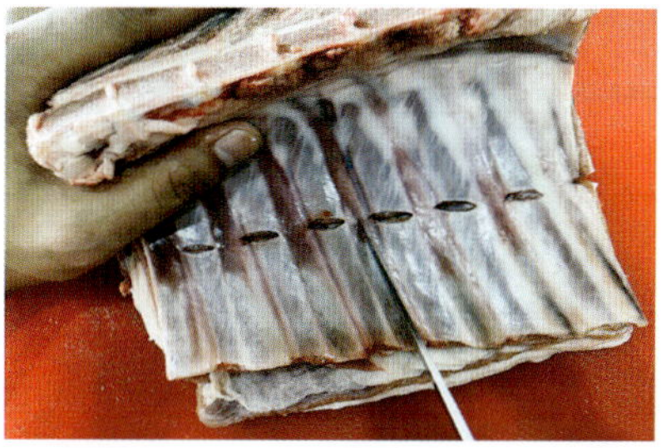

第四，推动骨头穿过薄膜。拇指放在骨头的肉质侧，其他手指位于骨头之间。

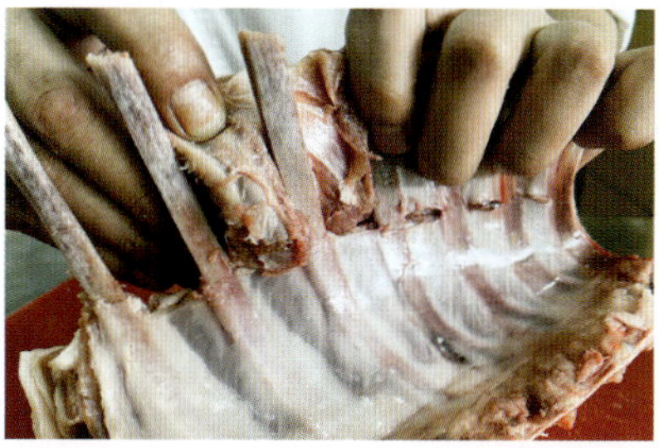

第五，摆放羊排，使骨头朝下。均匀地切去骨头末端周围的肉。这应该很容易抽离。最后切去肥肉。

（二）切牛排和排骨

排骨和牛排的切法类似。牛排通常是由肋骨和腰肉切成的牛肉，而排骨更常用于猪肉、羊肉或鹿肉。有小牛肉和羊排，通常从牛腰肉或腿上最接近牛腰肉的部分切下。一些牛排是从肩部切下来的，这些不像肋骨、腰肉或西冷牛排那么嫩，一般是用来炖的。

要准备牛排和排骨，首先要从它的脂肪层开始。根据所需要的排骨或牛排的大小，直接通过肌肉对排骨进行切割，如果肉排上仍有骨头，需要使用刀或手锯来切割脊椎骨。

（三）猪里脊的清理和去骨

先尽可能多地去除里脊上的脂肪。然后，开始仔细切割，把刀尽可能地靠近骨头。当非常接近骨头的时候，用短刀把肉刮干净。需要提示的是要用刀在关节和骨头之间切。

切猪里脊和去骨的方法：

第一，去掉里脊边缘多余的脂肪。

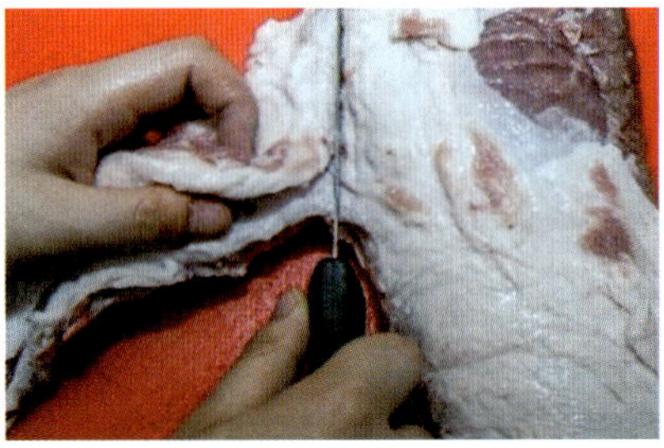

第二，沿着骨头轻轻地拍划开，把肉抽出来。把肉扯开，方便看清楚。

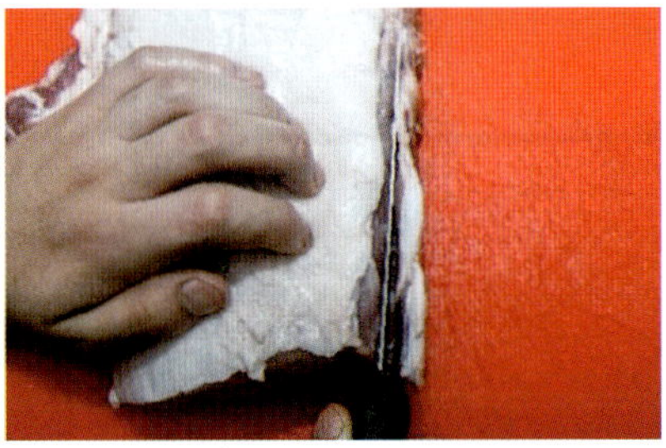

第三，当所有的肉从骨头的一边剔出来时，将里脊翻过来，从另一边继续剔肉。这样里脊就被轻松地从骨头上切下来了。

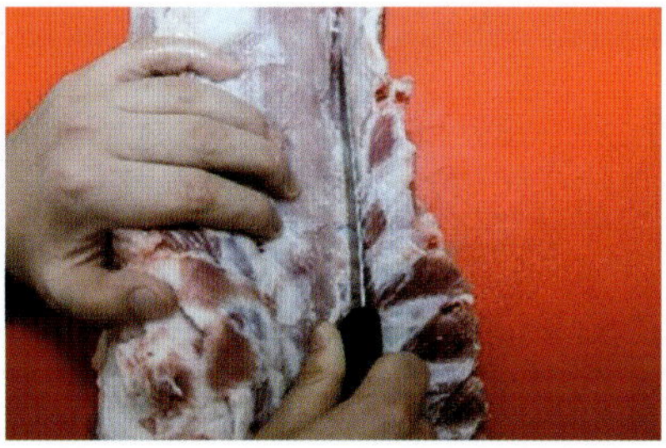

知识拓展：

1. 筋膜是围绕某些肌肉的坚韧的结缔组织（弹性蛋白）。
2. 筋链是从腰里脊清理下来的。

三、多种肉类的准备

有一些术语用来指内脏器官，比如心脏、舌头或胃等。各种各样的肉类、内脏等都在被使用，这取决于各国家的区域或烹饪习惯。近年来，舌头、肝、肾、肺、牛杂碎和其他种类的肉类出口运往国外，许多国家已经减少了本国国内的供应。这些肉类出口使得国内普通消费者都很难买到，餐馆也一样供不应求。

如果有顾客喜欢这些被认为是世界上许多美食中的美味，一定要给它们很好的照顾并提前准备充足。

（一）牛舌

牛舌是一种相当硬的肌肉，把它放在美味的肉汤或清汤中煮到很软为止。让牛舌在液体中冷却可以增强它的味道。冷却后，应该仔细地剥去舌头上的皮。然后，它可以以多种方式被使用：作为酱料或汤的配菜，或者作为煮熟的晚餐或炖菜的一部分。牛舌也可以单独供应。

剥牛舌皮的方法：

第一，用刀尖从下面切开外皮，把它从舌头上慢慢剥开，一手辅助揭开舌皮是为了更容易看到，方便操作。

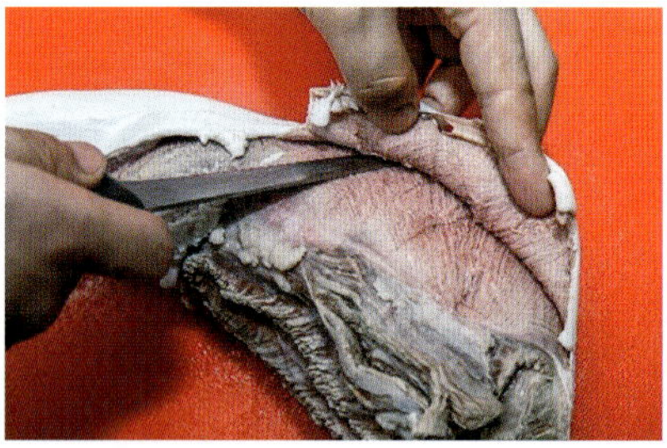

第二，完全去皮的牛舌。

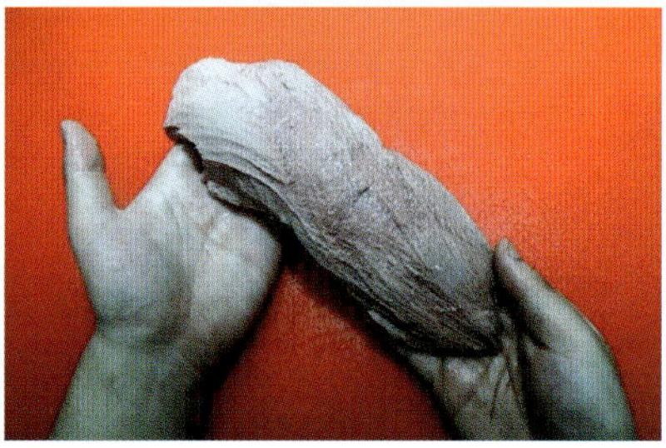

（二）家禽类的加工

所有种类的家禽，包括鸡、乳鸽、鸭、雉鸡和鹌鹑，在大多数餐馆都是非常重要的食材。家禽总是很受欢迎，而且很容易买到。在大多数情况下，是菜单中的最便宜的肉类。在本节中，介绍了鸡的加工技术。鸡是餐馆中最常用的家禽类。这些加工技术可应用于所有类型的家禽。

家禽越小，就越容易被切割。它们通常都很小，骨头也很小，没有完全硬化。这种禽类的大小和品种也会影响到加工。例如，鸡通常比雉鸡更容易切，鸡的肌腱和韧带不太发达，放养的鸡除外，它们可以在封闭院子里自由地活动。

尽管给鸭子去骨的过程也非常相似，但是鸡和鸭的体形不同。鸭子的腿较短，胸部长，呈桶状。雉鸡，由于它个头小，需要更精细地切割。鹌鹑是世界上最小的鸟类之一，需要厨师的技巧和细心，才能避免切坏粘在纤细骨头上的小块肉。

加工完成后剩下的骨头和边角料，可以有其他多种用途，如鸡翅可以做开胃小菜，骨头可以用于制作高汤。

在处理任何类型的家禽时，厨师都应遵循所有的程序，保持所有工具和工作表面的清洁，因为很有可能发生交叉污染。必须严格遵守以下标准：

第一，当家禽未加工或准备烹调时，应将其冷藏。

第二，确保砧板在切家禽之前和之后都要经过彻底清洗和消毒。

第三，在清理家禽前后，清洁和消毒刀具，准备好锋利的刀。

第四，将家禽存放在干净、防漏的容器中，不要将家禽放在任何熟肉上面。如果血水滴在下面的食物上，食物就会被污染。为了增加安全性，最好在盛有家禽的容器下面放一个接水盘。

切割家禽的基本工具是干净的工作台面、去骨刀和厨师切刀。有些厨师很习惯用家禽剪刀来剪断关节和小骨头，其他人可能更喜欢用刀。

1. 捆扎烤鸡

烤鸡、火鸡、鸭子和鹅是人们熟悉和受欢迎的品类。根据不同的需求提前准备和加工也各不相同。一些厨师更喜欢不捆扎，因为他们相信这样可以更快速、均匀地烹煮禽类。另一些人则喜欢捆扎，易于烧烤，这样会有好的口感和外观。

由于翼尖一般不被使用，可以在捆扎前切除，然后就可以决定是否用线捆扎。捆扎的目的是让食材有整齐、紧凑的形状。

鸡的捆绑方法：

第一，关节处切去两翼，将一根长绳子的中间穿过鸡腿末端连接处的下方，然后穿过绳子的两端，做出如图所示的“×”状。

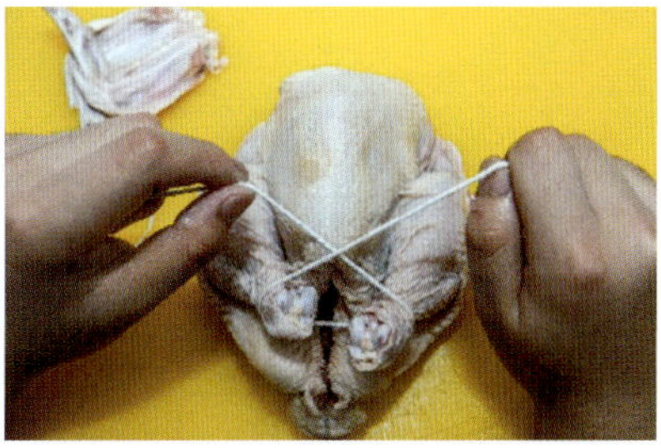

第二，把绳子的两端往下拉，然后沿着身体往回拉。

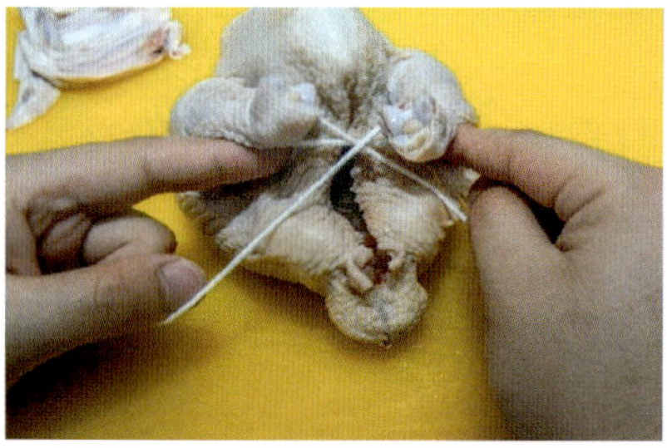

第三，将绳子的两端紧紧地拉过鼓槌与大腿之间的连接处，沿身体继续向鸡的背部拉，抓住鸡下面的翅膀。

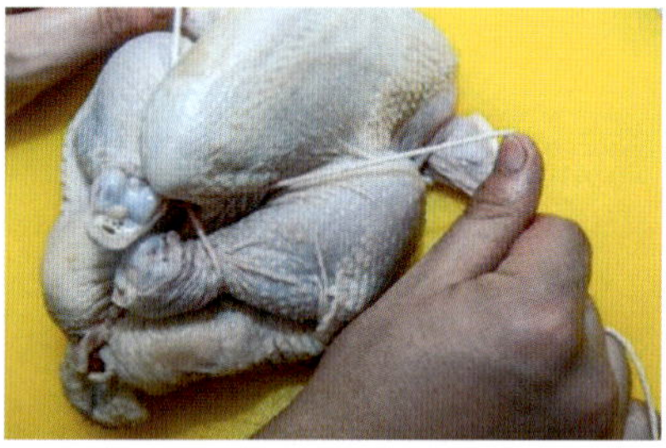

第四，将绳子的一端牢牢地拉在颈椎口的脊柱下方。

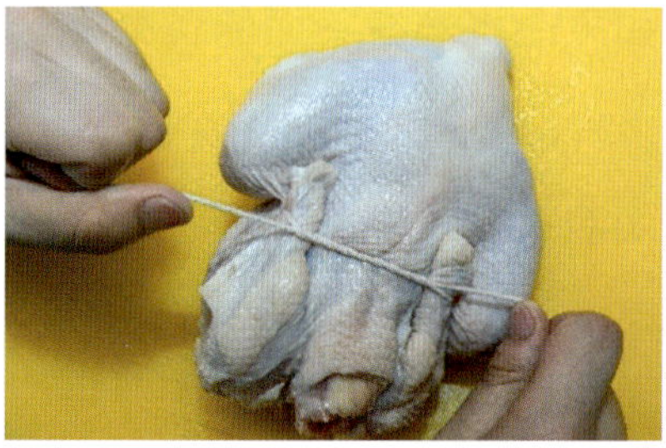

第五，把绳子的两端打个结实的结。

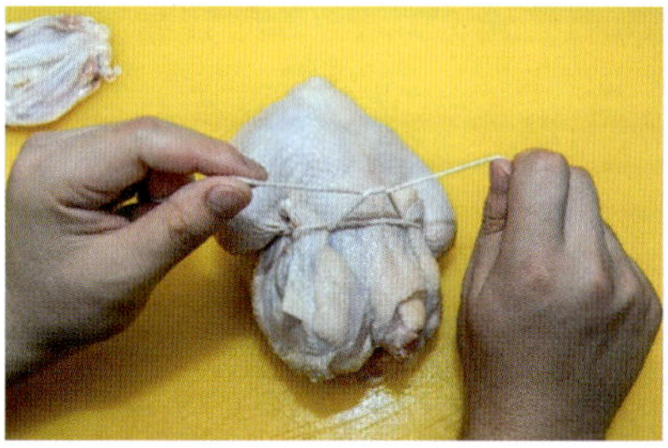

第六，完成绑扎的鸡。

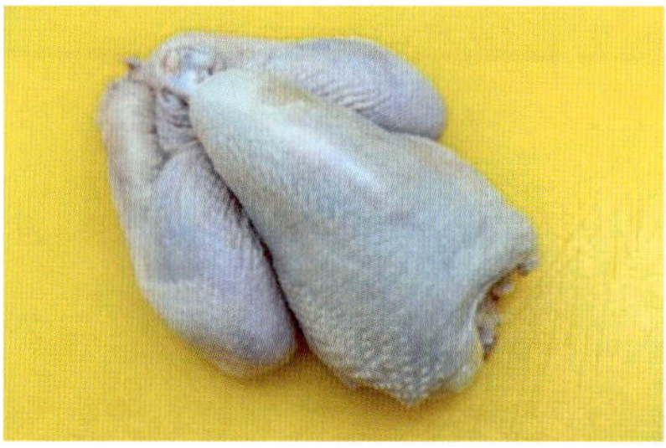

2. 全鸡切半分割

把鸡切成两半是一种特别重要的技术，用于较小的禽类。比如雏鸡和肉鸡，在烧烤过程中保持完整，骨头可以提供一些保护，防止烤焦，并有助于控制收缩。这个技巧在烤鸡的时候很重要，但是在出品的时候要去骨。

通常先要去掉翼尖，然后再用剔骨刀、厨刀或剪刀沿着脊椎骨分割。翼尖和脊骨应该留存，另作他用。

拆卸翼尖和主干的方法:

第一，切去前两个翅尖，这些可以留作煮汤用。

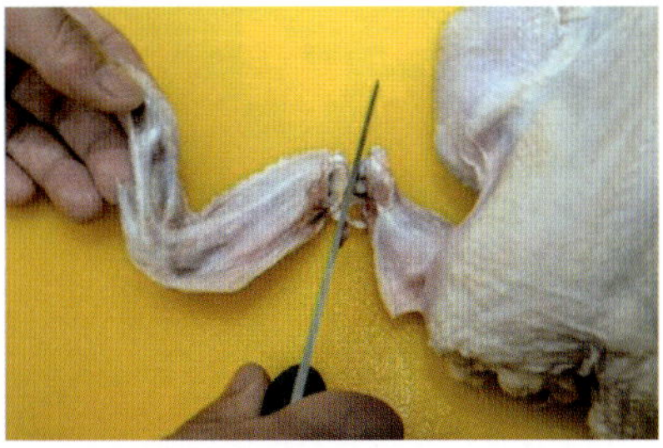

第二，把鸡放在一边，沿着脊椎骨的一侧切开，从颈部到尾部，再把鸡转到另一面，沿着脊骨再切一刀，这次从尾部再切向脖子。

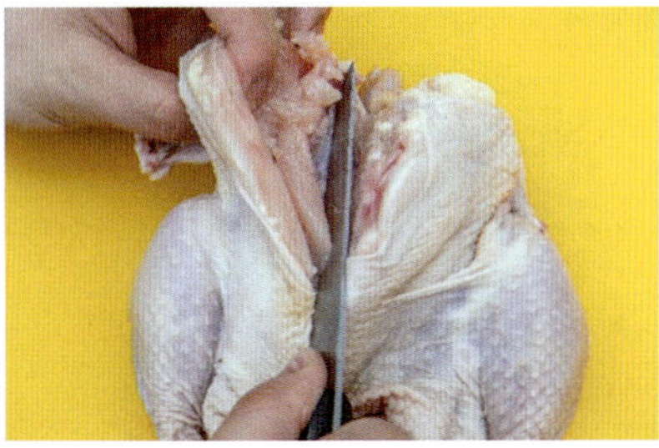

3. 去除龙骨

一旦脊椎骨、龙骨被切除，把鸡放平，骨头相对。在龙骨的顶部开一个切口，沿着鸡胸将龙骨切下来，把鸡分成两半。

第一，切开鸡，皮肤的一面朝下。沿着胸部在龙骨一侧切开，使其很容易从粘连组织中抽离出来。

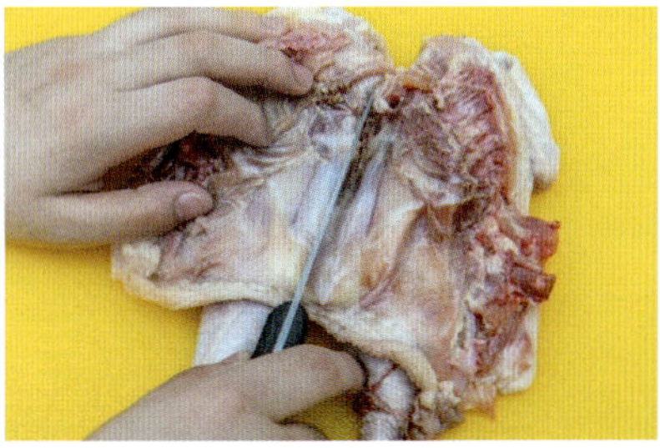

第二，将龙骨完全从肉中抽出。骨头可能会分离而变成两部分，确保全部剔除。

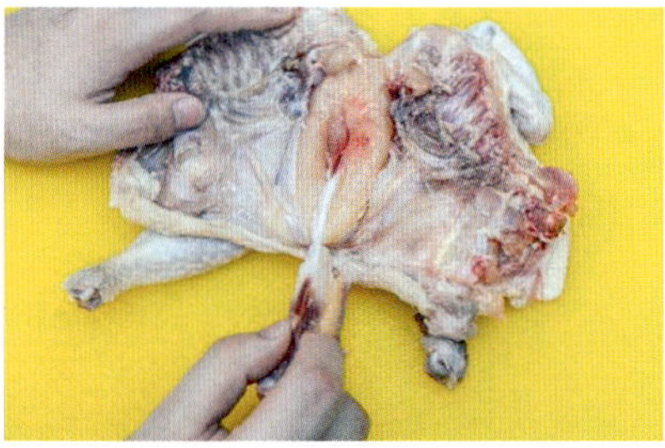

第三，将整只鸡的胸脯对半切开。

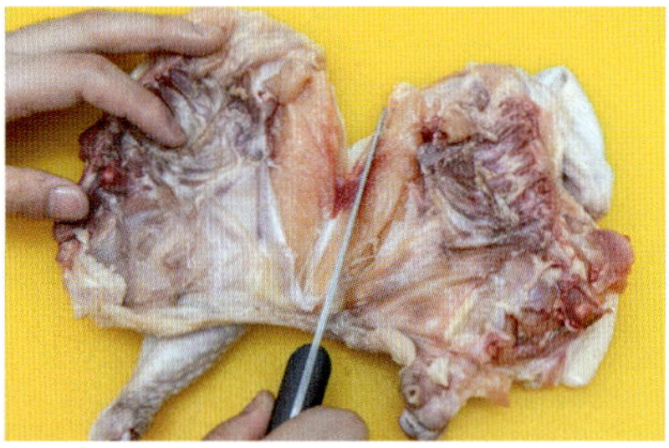

4. 烤半鸡的准备

用厨刀将鸡腿末端的皮、键去除，然后在大腿的皮上开一个口子，插入鸡腿的末端，形成一个整洁、紧凑的对半鸡。处理方法很容易。

第一，用刀根将鸡腿末端切掉。

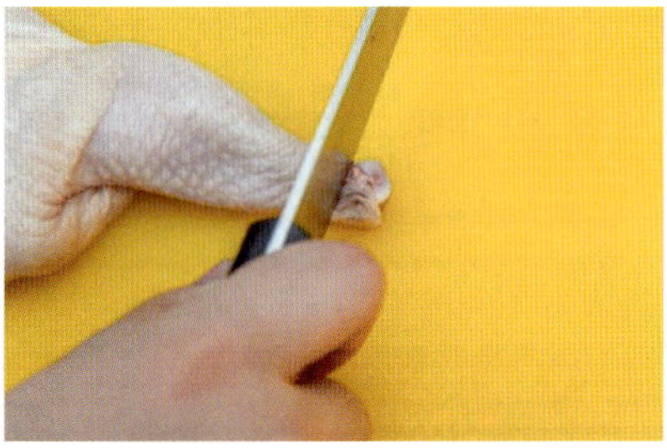

第二，用刀尖将大腿皮切开口子。

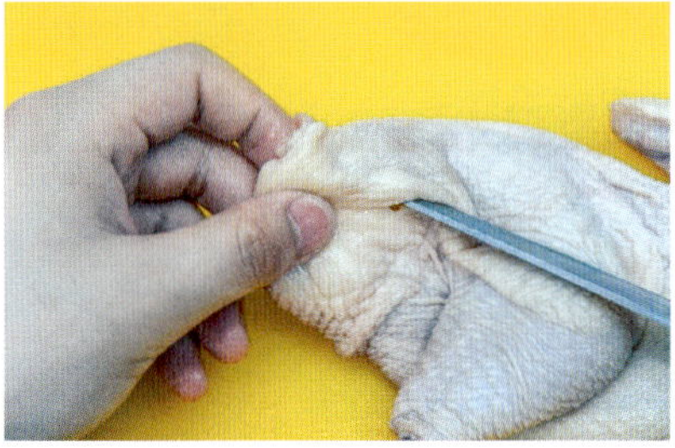

第三，将鸡腿的末端插入狭缝中，以确保鸡腿稳固。

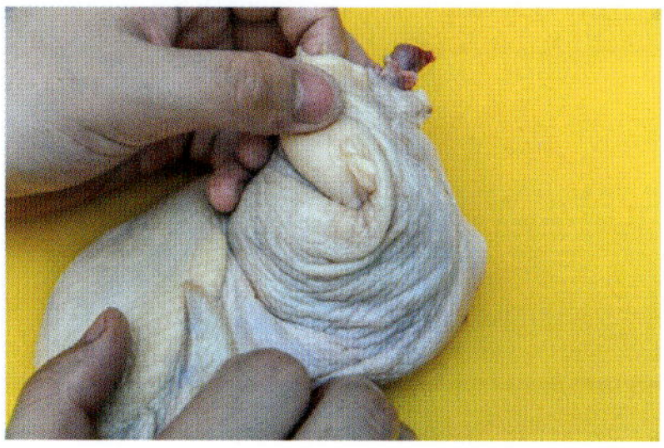

5. 四分全鸡

整鸡可切成四份，即两条腿和两块胸脯。在大腿和胸部之间做一个切口，如图。

第一，对角线切开，将胸肉和腿肉分开。

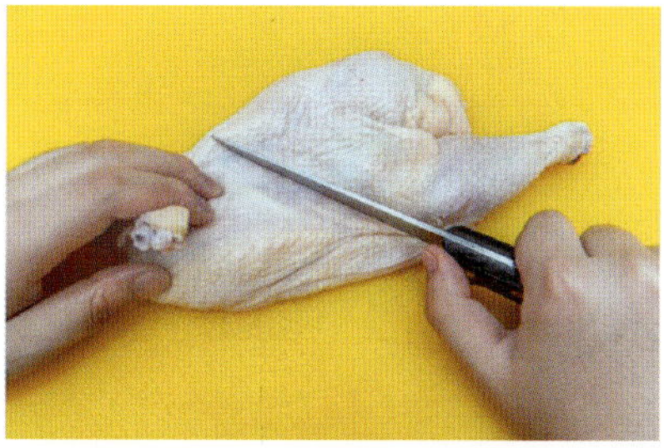

第二，平分四份。

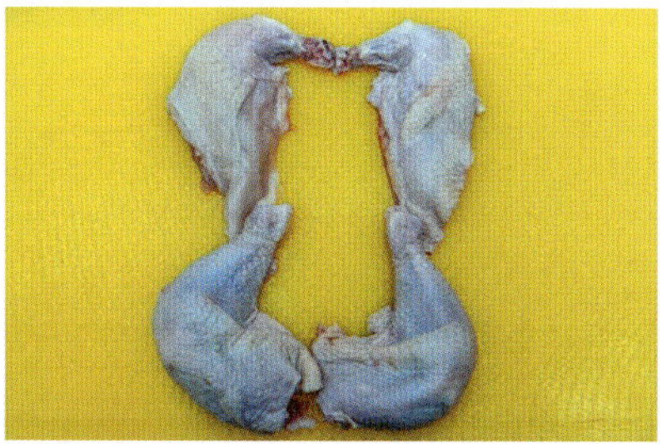

6. 剔下鸡腿

可以先去掉鸡的腿，而不是先去掉脊椎骨。前翼尖或后翼尖被移除，在鸡的腿和胸部连接处的皮上开个口子。然后弯曲腿远离胸部，弹出腿和暴露关节，切开关节，取出腿。

鸡腿可以分成鸡槌和大腿两部分。把腿转一下，可以轻易找到在关节处有一条脂肪线，用它作为一个指南来标记切开关节。

剔除整只鸡腿的方法：

第一，把鸡平放在工作台上，用刀切开鸡腿和胸部。

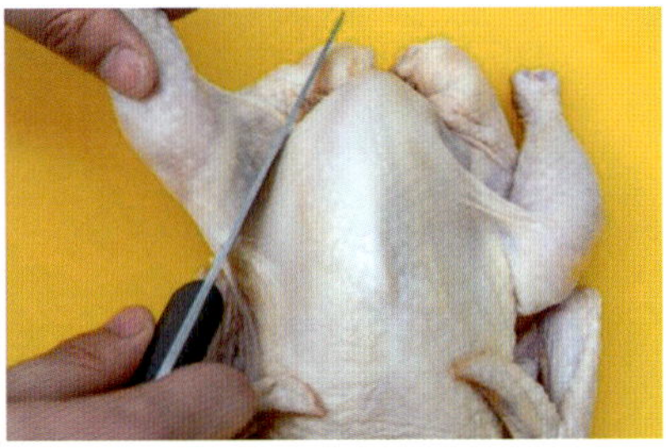

第二，弯曲鸡的腿远离身体，并把指尖压入关节的背面，弹出关节，再把腿从鸡胸上切下来。

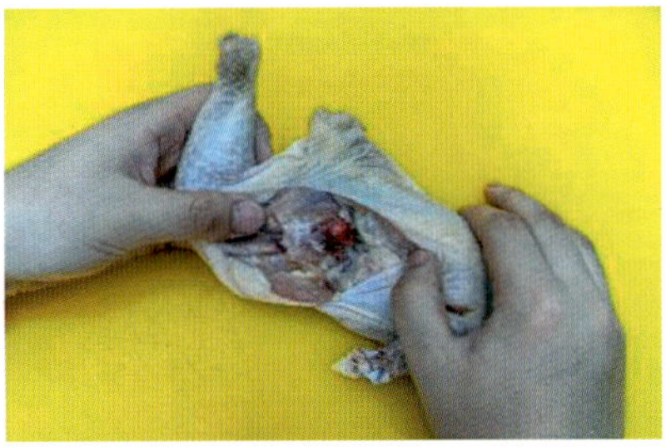

第三，在鸡的小腿关节处做一个切口，切断肉、肌腱和皮。

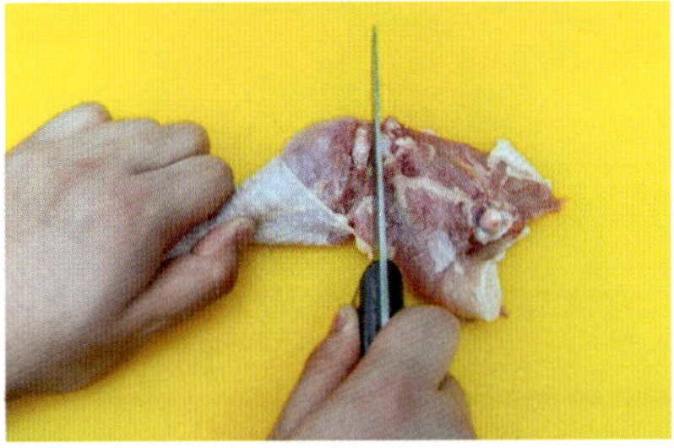

7. 十分全鸡

当鸡被分成十份时，就有两个鸡槌、两个大腿、两个翅根、两个翅中，还有两个胸脯肉部分，通常被用于平底锅煎制或油炸。这也是一种常见的切割家禽的方法，常用于烘烤、炖或烧烤。

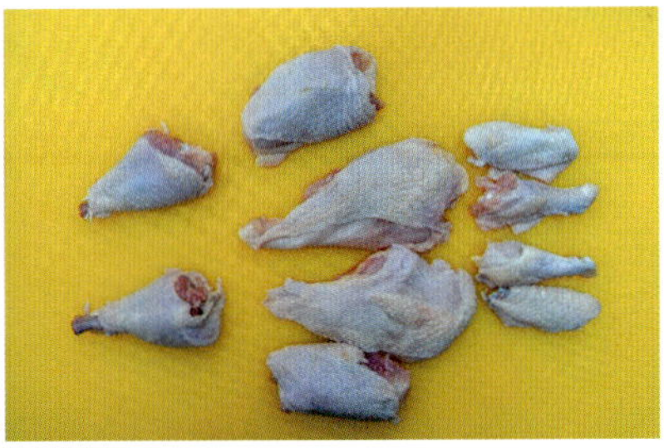

8. 去骨、皮的鸡胸肉

胸脯肉可以在腿被切除之前或之后从胸腔中移除，小心地把胸肉从肋骨上切下来。如果和鸡翅连接，通过翅膀和胸部的关节处切开即可。

如果还没有取出许愿骨，一定要把它取出来。可以通过切割或按压来去除，把骨头从肉上清除干净。

将鸡皮从胸脯上拉下来，就完成了这个过程。如果需要，可以从胸脯上取下里脊肉。里脊上有一根肌腱，如果有必要，用刮骨刀或剔骨刀的尖端把它完全剔除。可以很容易地去除，保持平放里脊，以一定的角度按压刀片，然后将刀从握着肌腱的手上往下推，直到将整块肌腱剔出来。

鸡胸肉去骨去皮的方法:

第一，沿着胸骨一侧切开，将胸脯肉从胸腔中取出，在切肉的时候把肉从骨头上拉开，骨头上的肉越少越好。

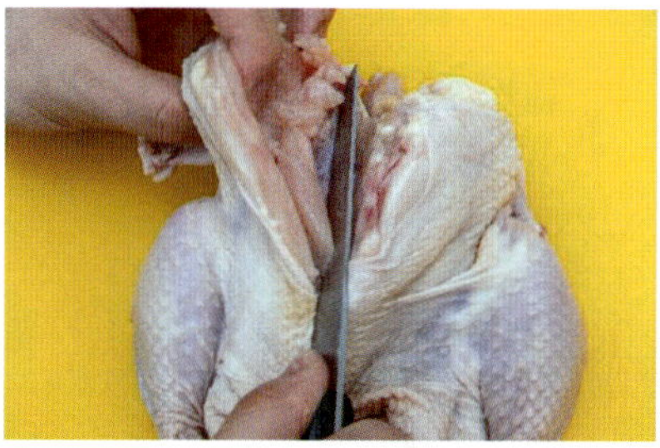

第二，将翅根的骨头切断。

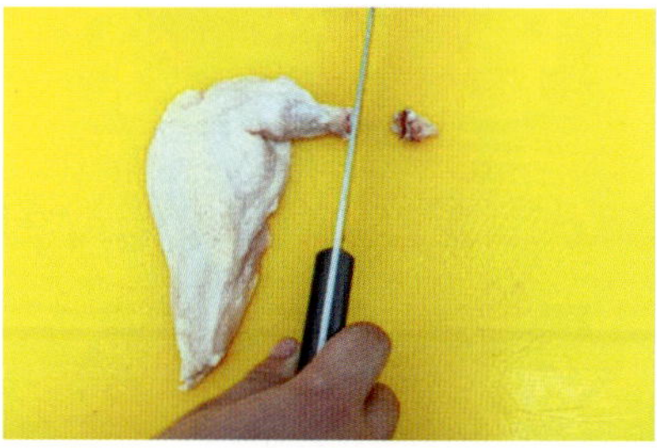

第三，将翅根上的肉往下剔。

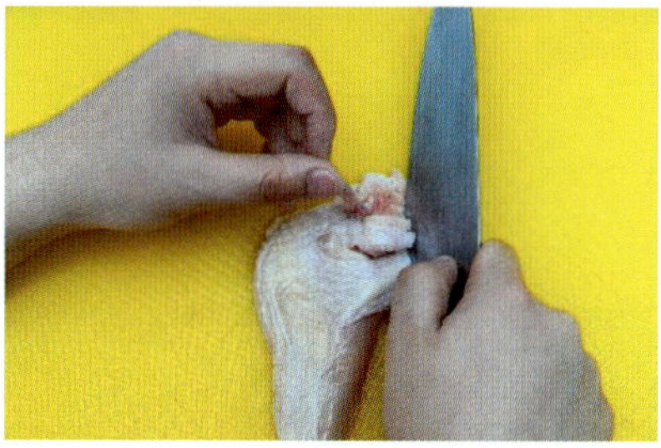

第四，带骨带皮和去骨去皮的鸡胸肉。

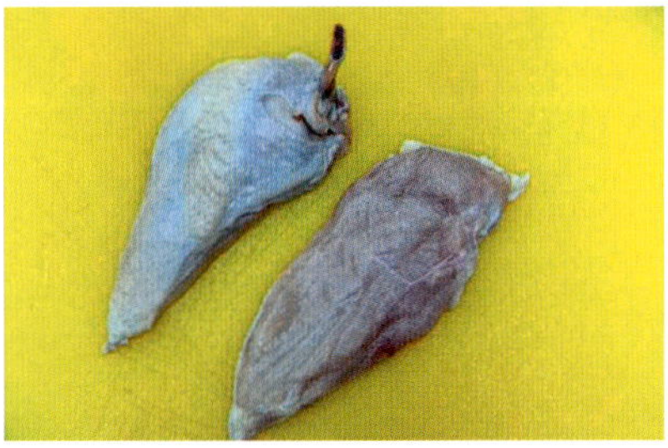

9. 去骨鸡腿

去骨鸡腿有很多种烹饪方法，可以切成条状用来炒菜或做其他菜肴。首先，在鸡腿的末端做一个切口，切断肌腱，用剔骨刀的尖端沿着骨头切开，把肉释放出来。然后，再将骨头剔去，切除控制腿和大腿之间关节的肌腱。

第五节　水产类的切割技术和准备工作

鱼类和贝类的加工包括刮鳞片、剖开和切割等技术。例如，比目鱼切成鱼排和鱼片。厨师加工的鱼越多，就可以节省更多的钱。但如果做得不好，就会产生更多的浪费。如果厨师没有能力、时间或适当的存储空间，购买已经加工好的鱼片和鱼排或去壳的牡蛎和蛤蜊更为划算。

这里展示的技术并不是特别困难，也不需要太多特殊的设备，一般有鱼鳞器、锋利灵活的鱼片刀、针尖钳、牡蛎刀等。

一、鱼类

（一）去除鱼的内脏

鱼从海里捕捞上来，就要在渔船上将内脏掏空。如果我们收到的鱼还没有被处理，就应尽快地收拾加工。鱼的内脏含有酶能迅速分解肉质，导致腐烂。这个步骤可以在鱼刮鳞后完成，或者如果鱼需要冷藏，可以让鳞片一直保存到烹饪之前。

如图，剖开扁平形鱼类，去除内脏。

第一，按图示将鱼做一个切割。

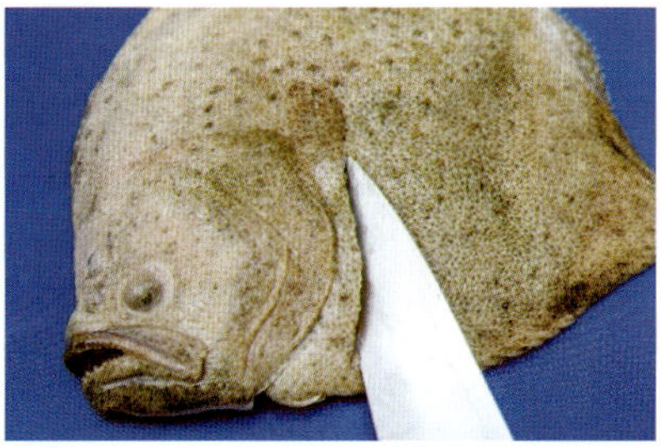

第二，用拇指钩住鱼的头部，抽去头部及内脏。

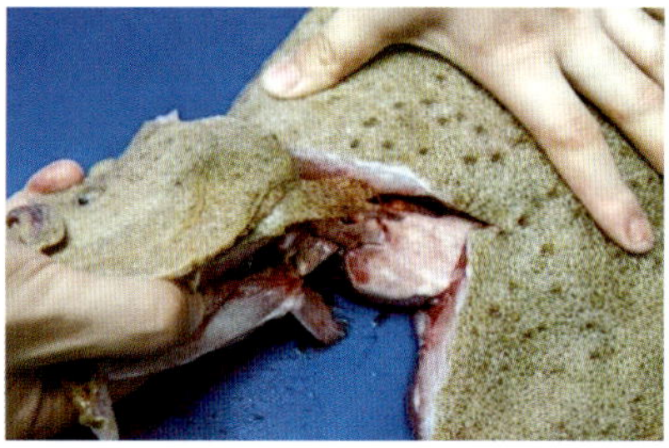

第二，将鱼的头部及脏器完全移除。

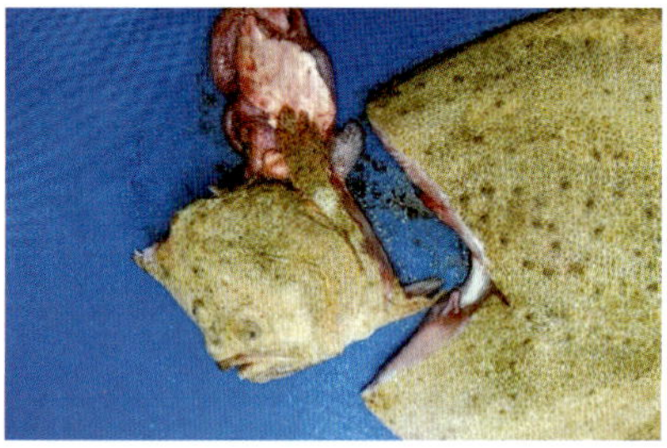

第三，用冷水彻底冲洗鱼的腔体。

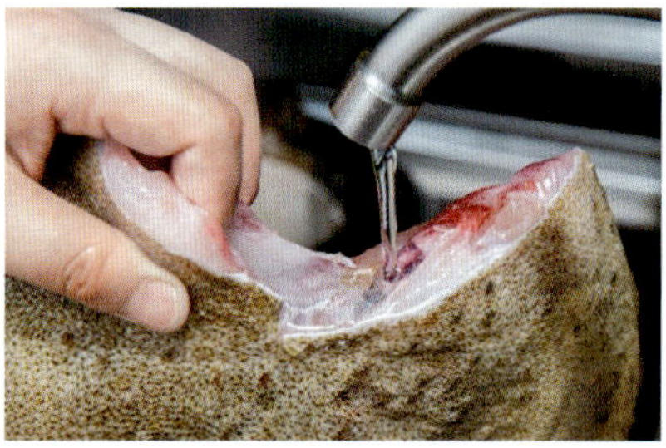

（二）去除鱼鳞

尽管不是所有的鱼都有鳞片，但许多种类的鱼都有鳞片。去除鱼鳞最好的方法是使用刮鳞器。如果没有刮鳞器，可以使用其他工具（如餐刀的钝面、小刀、小勺等），在流水下的水槽里，从鱼的尾部向头部移动，用手牢牢地抓住鱼眼后部。在此过程中，让水流过鱼，这样鱼鳞就不会到处飞了。鱼不要捏得太紧，否则会擦伤鱼肉。

鱼鳍和鱼尾可以同时切掉。

（三）清理好的鱼

清理好的鱼是指那些已去鳞、去内脏和清理过的鱼。在通常情况下，鱼是被去鳞和掏空内脏清理的，鱼头和鱼尾可以在烹饪前去掉。鱼是一份装，重量通常不超过12盎司。它们被用来煎炸和扒烤。然而，这并不是一条铁定的规则。根据厨房里的惯例，或者是对某道菜的要求，可以选择在烹饪前呈现给客人过目。

最常用的烹饪技术是在烹饪时加入一些有香味的原料，为鱼增添风味，比如新鲜的小枝香草、柠檬片或青葱。

如图，清理好的鳟鱼。

（四）去骨鱼柳

去骨鱼柳是最受欢迎的鱼肉之一，是完全无骨的。鱼皮也可能不会被移除，这取决于鱼的种类。鱼柳的典型烹饪方法包括炒、烤、扒和水煮，一旦鱼柳形成，可以切条、块、排等。

纺锤形的鱼（如鲑鱼）会产生两片鱼柳，两边各一块。对于惯用右手的厨师来说，第一片鱼柳下刀方向为鱼头向右，第二片鱼柳下刀比第一片要难一点。

1. 三文鱼鱼柳

（1）取三文鱼鱼柳的方法

第一，在三文鱼头的后面开个口子，刀沿着鱼的身体划下去，从头到尾在一侧切。

第二，将三文鱼转到另一边，从尾巴划切到头部。

第三，剔去三文鱼的腹骨。

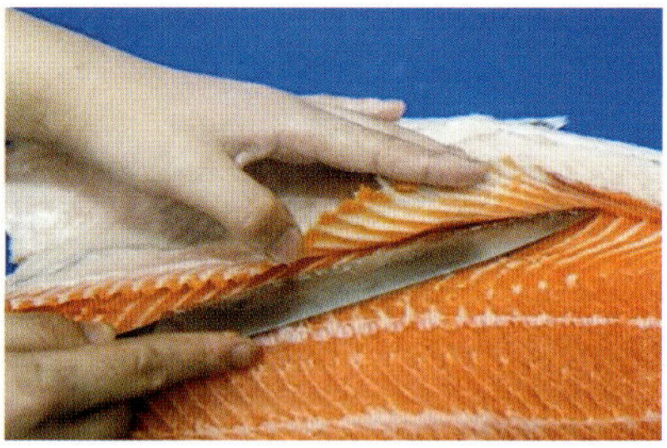

一旦鱼柳从鱼的身上切下来，就可以去掉鱼皮了。不要把肉的一面放在切面上，可能会粘有一些鳞片或其他碎物，不需要冲洗或吸干鱼片。

（2）三文鱼柳去皮的方法

第一，将鱼柳放在靠近工作面的边缘处，用厨刀在皮和肉之间滑动，使刀向下倾斜。

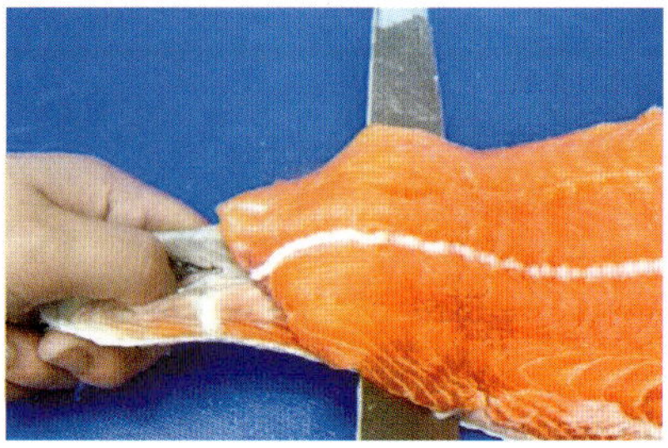

第二，用锯的动作，把三文鱼皮拉紧，使它更容易取出。

第三，已去皮的三文鱼柳。去皮的那一边是干净光滑的。

有些鱼（如三文鱼）柳中有许多骨，称为针骨，这些都是通过用你的手指轻轻滑过鱼柳来定位。用尖嘴钳或结实的镊子拔出来。

（3）去除三文鱼针骨的方法（如图）

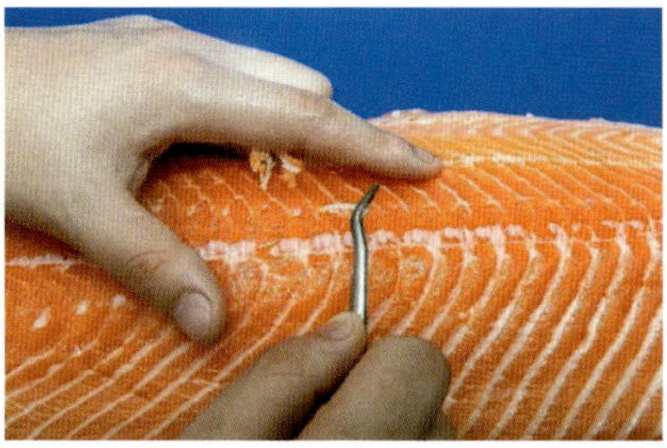

2. 比目鱼鱼柳

比目鱼可以切成两块，一块在深色的一边，另一块在白色的一边。比目鱼也可以切成四块。

取比目鱼鱼柳和去皮的方法。

第一，初步切割，如下图所示。

第二，继续切割鱼肉，边切边把肉拿开。

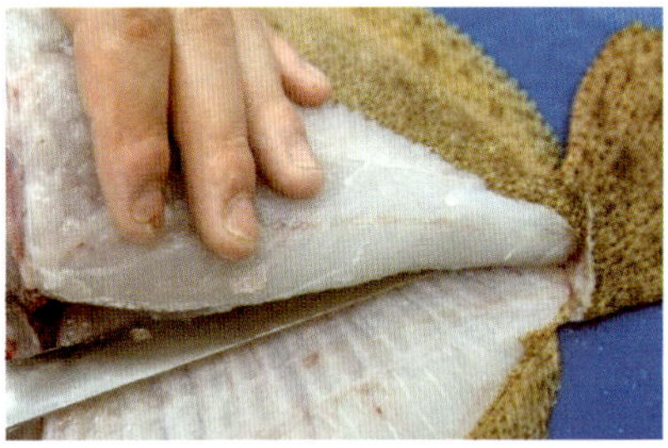

第三，将鱼翻面，继续切成鱼片。

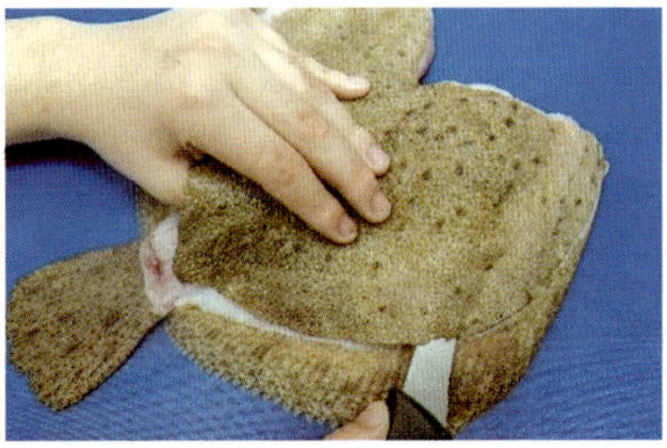

第四，切四分之一的鱼片，首先要切下鱼的中心。

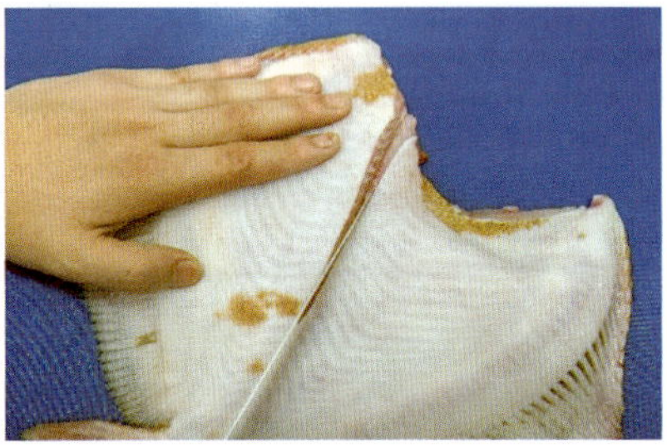

第五，从鱼的中心向外切。

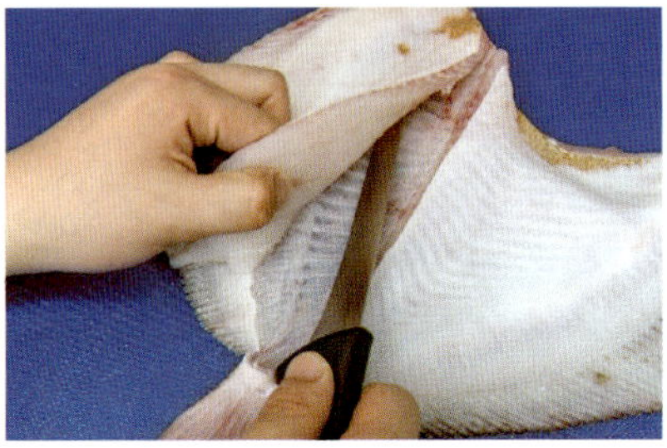

第六，切鱼片。

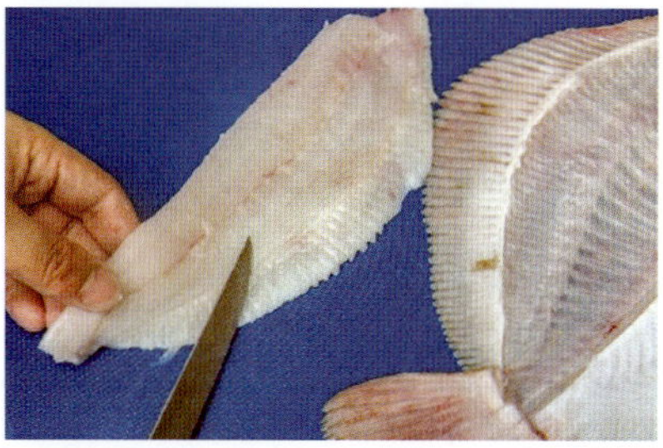

第七，去掉鱼的最后四分之一片。

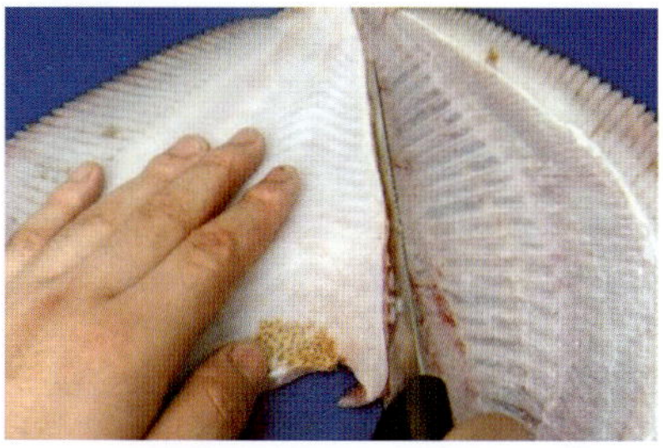

第八，将比目鱼鱼柳去皮。

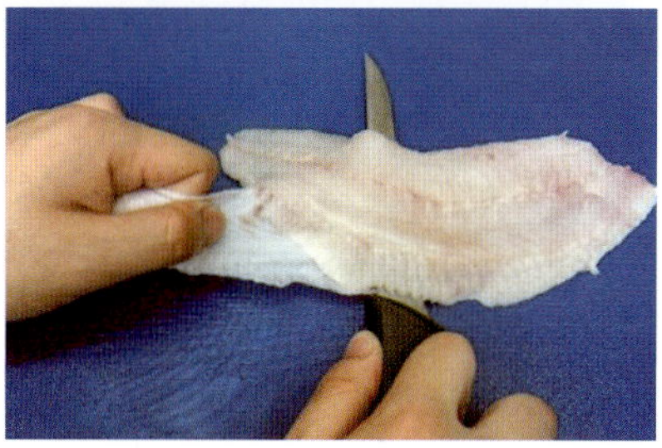

3. 龙利鱼鱼柳

龙利鱼的处理方法很特别。许多厨师喜欢在鱼切片前先去皮。用刀把鱼皮从尾巴上剥下来，然后简单地把它拉出来。

龙利鱼的剥皮方法。

第一，切掉龙利鱼的鱼鳍。

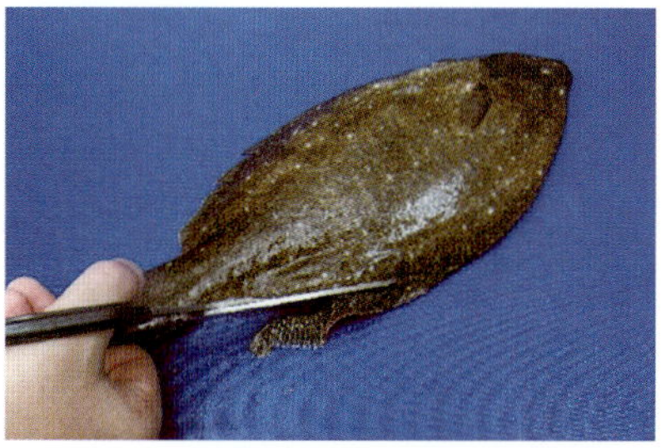

第二，先将龙利鱼开一个口子，使皮松弛。

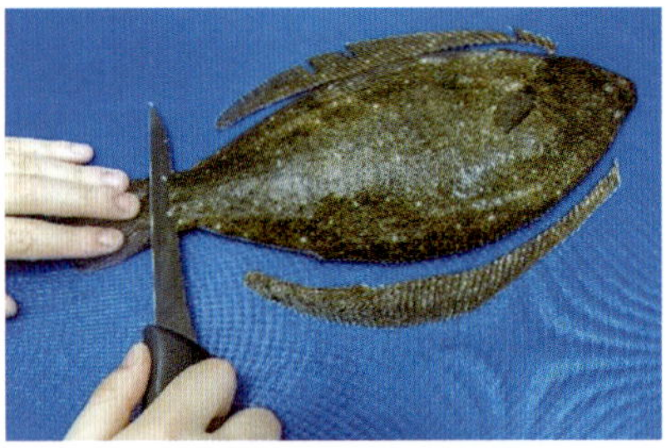

第三，如果需要的话，在切龙利鱼鱼片前先把鱼皮去掉。

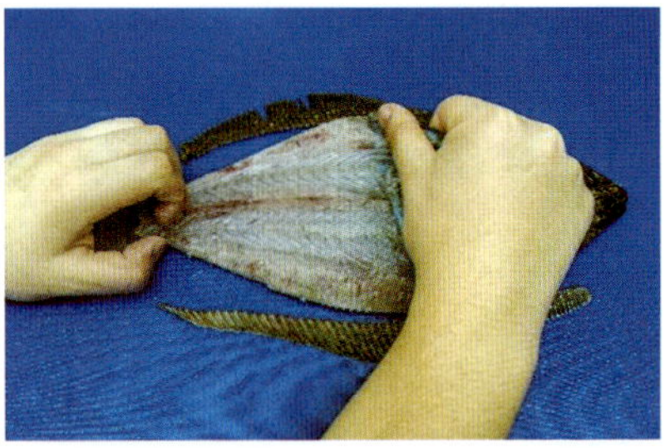

第四，切好的龙利鱼且准备裹上面包屑，然后油炸成经典的“科尔伯特”。

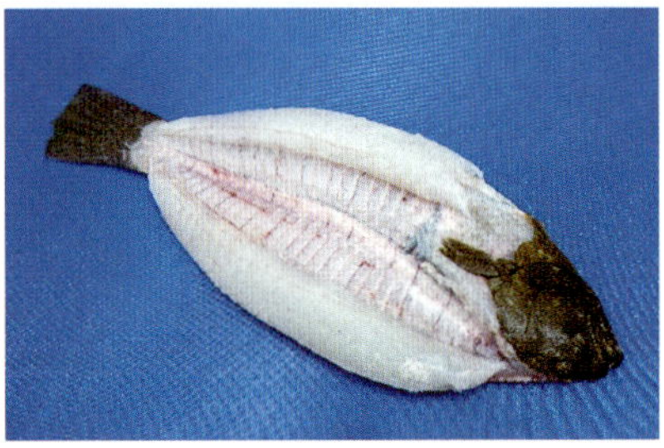

（五）鱼的侧片

侧片比较大，是通过持刀在一个角度，而切割前摆出更多的表面面积，给鱼一个更大的外观。例如，鲑鱼、大比目鱼。金枪鱼经常被切成一段，虽然用这种切法通常与烹饪煎炸准备有关，但它完全可以扒制或烤制。

切割三文鱼侧片（如图）。

（六）鲔条

这种切割的名字来源于小鱼的法语名字“鲔鱼”。鱼肉是从鱼片上切下来的小条，通常裹上面包屑或蘸上面糊，然后油炸。这种切割和成年人食指的尺寸差不多。鱼肉通常是从精瘦的白鱼（如比目鱼）上取得，搭配蛋黄酱或塔塔酱一起食用。

切割鲔条（如图）。

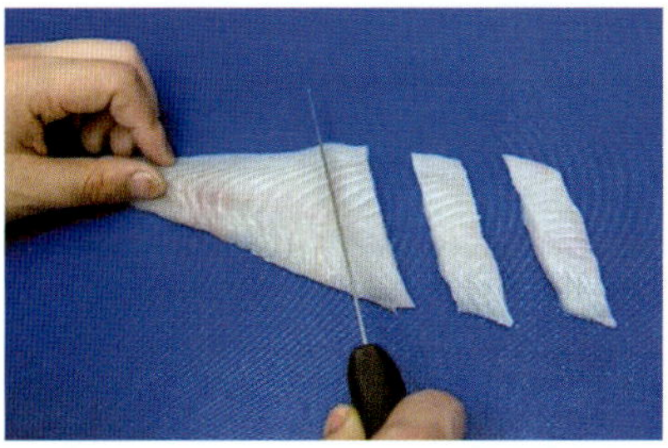

（七）薄片卷

薄片卷是一种薄的、卷好的鱼片，通常填充肉馅或其他填充物。薄片卷像一个大软木或螺旋，通常是由瘦型鱼（如比目鱼）制成，也可以由一些脂肪含量适中的鱼（如鳟鱼或三文鱼）制成。薄片卷一般的烹饪方法就是浅水煮。薄片卷如下图。

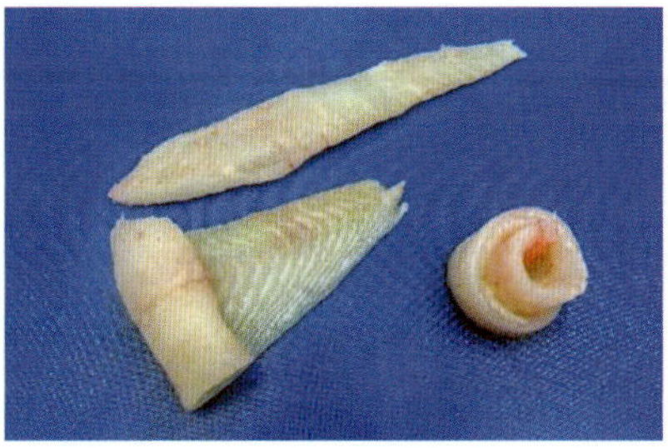

知识拓展：

1.开胃小食：一种开胃小菜，由一小片面包或吐司配上美味的酱料或配料组成。

2.塔塔酱：一种用蛋黄酱、水瓜柳、凤尾鱼和芥末酱制成的酱。

二、贝类

关于贝类的清洗和打开，我们来介绍蛤蜊和牡蛎。

虽然市场上有已经去壳的蛤蜊和牡蛎，但厨师更愿意自己打开贝壳，来保证杂烩、秋葵汤和其他菜肴的新鲜度。把蛤蜊和牡蛎放在半壳上的做法是烹饪的一种重要方式。

清洁蛤蜊、牡蛎和贻贝等贝类时，要用流动的水冲洗掉所有污垢。仔细检查，活的蛤蜊和牡蛎的壳是紧闭的。任何已经开口或感觉“沉重”的贝类，大多是已经死亡、接近死亡或是充满淤泥的，一定要丢弃掉。

知识拓展：

1.洛克菲勒牡蛎：在半壳上烤牡蛎，上面撒上菠菜、黄油、面包屑和香料，包括茴香酒。

2.赌场蛤蜊：在半壳上烤蛤蜊，上面放上炒培根、洋葱、红绿椒的混合物。

三、头足类动物

头足类动物包括鱿鱼、章鱼和墨鱼等，大家可能都很熟悉这些动物的各国术语，例如，卡拉玛丽是鱿鱼的意大利叫法。头足类动物不难准备，但确实需要一些事先的准备工作来移除墨囊等。

当制作和烹饪得当时，它们是嫩的、甜的，有一种独特的风味。鱿鱼可切成环状用来炒、煎或油炸，也可以把它放炖锅里，可选择馅料来填充。如果需要，可以保存墨囊，用于给各种菜肴着色。比如墨汁意大利面和墨汁米粒。

清洁鱿鱼及章鱼时，要将它的外部和触须上的皮都撕下来，仔细冲洗，取出羽管。如果需要的话，可以把触角从身体上切下来，切到眼睛的上方。取下章鱼的嘴，用刀尖或用手指把它拨出来。

第四章
基础汤汁、沙司的准备和制作

可以选择一些额外的成分来增加肉汤的风味、香气和颜色，除了香草和蔬菜组合，还可以使用可能需要的原料，如柠檬草、野生蘑菇或姜等配料，能使肉汤有独特的风味。以下的内容说明了各种可能性。

一些蔬菜和香草会在肉汤中迅速释放出最好的味道。继续烹饪不是加强味道，实际上会煮掉原汤的香味。大多数食谱都会注明在烹饪过程中加入或拿出蔬菜或香草。经验则是成分越浓，越早加入胡萝卜。在烹饪接近结束前加入欧芹枝和新鲜的百里香。

快速浏览一下任何经典或当代的烹饪书，都会得到无穷无尽的灵感来装饰肉汤。传统的选择是一些简单的东西，包括肉丁或肉丝、鱼或贝类、饺子、面条、米饭、油炸面包丁、丸子和馄饨等。

第一节 肉 汤

一、制作肉汤的准备工作

制作肉汤需要准备一些设备和用具。

选择一个足够大的锅来容纳肉汤。顶部应该有足够空间留出，以便在烹饪过程中有一定的膨胀空间，便于制作，也易于撇去表面的杂质。如果可以的话，选择一个带水龙头的锅来做，更容易把肉汤从锅里移出来。

还需要撇油器和勺子、过滤网、品尝勺子、杯子和厨房叉子，厨房叉子可以用来移走任何大块的肉。

如果要冷却肉汤，需要一个干净的不锈钢锅（或几个），把肉汤浸入冷水中冷却。一旦肉汤完全冷却（一定要用即视读数的温度计仔细检查），便转移到干净的有盖子的存储容器中。贴上标签和日期，以及任何额外关于最后调味料和装饰的指令。

二、制作肉汤的方法

1. 将主要成分与冷却的液体混合，将肉汤煮沸

大多数肉汤都是从最简单的液体（凉水）开始的。在某些情况下，会选择使用高汤或肉汤作为基本液体，有时被称作“加浓肉汤”，重要的是要使用冷水（或冷却的高汤或肉汤）。这将有助于尽可能温和地提取风味，在使用肉汤

的情况下，能有助于建立一个自然的澄清过程。

当肉汤煮沸时，一定要尽可能多地小心地撇去表面杂质。如果允许杂质留在锅里，它们最终会变成云雾状，甚至可能产生难闻的味道。应该避免煮沸，煮出配料的味道就可以了。

2. 间隔适当的时间，依次加入剩余的配料

3. 烹饪时，定时检查肉汤的味道

确保肉汤烹饪正常的唯一方法就是时不时地尝一尝，这会让你有机会在必要时做出纠正。如果香包里的丁香会压过肉汤味道，就要把它拿出来。如果缺乏颜色的富裕感，加入焦灼的洋葱厚片来提色。肉汤煮到最后进行调味，通常是在主要调味料发挥的最大味道之后完成的。肉、鱼、家禽通常都是嫩的，蔬菜也非常软，不要分解成碎片。

不同的肉汤煮熟的时间不同，具体如下：

（1）牛肉、小牛肉、鸡肉：2~3小时。

（2）鱼：30~45分钟。

4. 用细筛仔细过滤肉汤

在这一阶段，肉汤就已经准备好了，可以使用了，也可以适当冷却和储存。

第二节　清　汤

正确制作的清汤，口味是丰富的。由炖汤或高汤与原料的组合称为澄清。澄清液中的成分组合有瘦肉、蛋清、西红柿、葡萄酒以及芳香蔬菜和香草。可以去除任何悬浮在肉汤中的颗粒，还可以加强汤的整体味道。

品质好的清汤是晶莹剔透，完全不含脂肪，呈琥珀色到棕色，具有良好的外观。大多数清汤都是热菜，可以配上特别的装饰，如羽衣甘蓝、肉丸、完美烹饪的蔬菜或切碎的新鲜香草。清汤偶尔遭受坏名声，人们可能倾向于这种观点，汤淡，甚至无味。这可能是由于他们已经习惯了清汤是基于肉汤，以骨头和少许肉为基础。清汤的质量标准需要记住：完整的味道；丰富、引人注目的外观；多汁，回味无穷；深琥珀色到棕色；平衡的味道。

一、制作清汤的准备工作

（一）原料准备

在准备清汤之前，要检查肉汤或高汤的质量。取一部分高汤，完全煮沸，然后闻一闻，品尝一下是否新鲜、干净。如果对肉汤的质量有疑问，要使用更新鲜的一批或准备一份新的肉汤。

为了减少总烹饪时间，保留约四分之一的肉汤。剩下的肉汤或高汤可以在准备原料澄清的时候，用文火来煮。

澄清是由瘦肉、蛋清、蔬菜、香草、香料、番茄等其他酸性成分的组合。这种原料的混合会产生出一种透明的汤，也是一种巩固和加强成品汤味道的方法。在准备一个均衡的清汤中所有这些成分不是一个功能，而是多个。

只要有可能，最好是将新鲜的肉、家禽或鱼磨碎（要视情况而定）。一定要将磨碎的肉和蛋清都冷藏起来，使它们能保持新鲜和美味。此外，当肉和蛋清适当冷却时，蛋白质的凝结速度会比加热时慢。在此过程中提高其提取肉汤或高汤中杂质的能力。

知识拓展：

1. 香草枝：草本植物的小枝。
2. 肉丸：通常是水煮的。

调味蔬菜应该切得很细，这样它就可以成为清汤上小火煨时产生浮物的一部分，肉中的蛋白质开始黏合成一大块，而不会因为太大、太重而掉出筏子。通常会选用各种有香味的蔬菜，如洋葱、胡萝卜、芹菜、防风根、蘑菇和京葱。

香料也包括在澄清混合物中，是作为提升口味的配角。大蒜、丁香、龙蒿、欧芹、细芹、莳萝、百里香、月桂叶、花椒、姜根、杜松子、八角和柠檬草，都是厨师们在制作清汤时众多选择之一。

欧尼翁洋葱或烤洋葱通常也包括在所选的原料中，给清汤调味或上色。

对于清汤有数百种经典的配料，有切得整齐的根茎类蔬菜，以及在烹饪指南的食谱中找到的可食用的金叶。

当代的厨师受东亚菜系、加勒比菜系或意大利地方菜系的影响，范围在进一步扩大。

无论选择什么配料，要记住以下几点：装饰菜本身应该和清汤同时准备好；蔬菜切块应该整齐、精确；清汤的口感应该是精致的、柔软的；调味料应用于增强清汤的风味，而不是分散其主味的。

（二）用具准备

制作清汤的用具需求与肉汤相同。

二、制作清汤的方法

（一）混合原料以便澄清，并加入肉汤

将所有材料直接放入锅中搅拌，直到混合物相当均匀。逐渐加入冷汤并搅拌到澄清混合物中，直到均匀混合。如果想加快速度，可以把肉汤加热，保留1/4冷却高汤的量，以缓和澄清。

（二）把清汤慢慢煮沸

继续搅拌清汤，直到它煮沸。随着温度的升高，澄清后的原料会开始黏合成一个大而软的物质，称为“筏子”。一旦筏子开始形成，停止搅拌清汤，让筏子聚集在一起。

（三）当筏子形成后，用小火煨制

随着筏子凝结成一团，它会浮到肉汤的表面。因为筏子困住了热量，就像锅上的盖子吸收热量一样，调节热量很重要。许多厨师会在木筏上挖一个刚好足够大的洞，可以让勺子通过，这样有助于防止清汤迅速煮沸。

调整温度，让表面有许多小气泡破裂。如果大火煨或沸腾，筏子可能会在完全清理之前就破裂了。此外，如果烹调速度太慢，也有可能锅内没有充分对流而将杂质从锅底带到锅顶被筏子困住。在烹饪时间完成之前，筏子可能会沉到清汤的表面以下。

（四）继续煮清汤，直至装盘

我们的目标是出品一个非常丰富和光滑的清汤，具有均匀、平衡的味道和水晶般的清澈。食谱会指定烹饪时间，一般是1~1.5小时。当筏子开始轻微下沉时，我们假设这是在合理的烹煮时间之后发生的，而不是因为热量没有适当调整，那么清汤很可能是被炖熟了。

但是，确保清汤煮得足够久的唯一方法就是偶尔品尝一下。当它煮的时候，一旦在不同的阶段品尝，通过不断的练习，就能够识别出它何时达到了味道和口感的顶峰。当清汤煮好后，再检查一下是否调味，并在这一点上做必要的调整，然后再过滤汤。记得倒少量到汤碗或盘子里，以评估其清晰度。

（五）仔细过滤完成的清汤

成品清汤应该用专用过滤器或棉纱布内衬过滤器或滤锅。如果使用棉纱布，确保使用前认真清洗干净。首先在非常热的水中冲洗，去除任何松散的纤维，以及在加工过程中可能留在纱布表面的物品。然后当水变得非常清澈时，用冷水冲洗。漂洗很重要，是为了去除使汤浑浊的纤维，它还有助于棉纱布粘在过滤器上。

为避免清汤冲破筏子，让液体排出，小心地在筏子上扩大开口，然后用勺子把清汤从扩口中舀出来。不要把清汤和筏子一起倒入过滤器，这样会把汤里面的杂质重新释放回辛苦煨好的清汤里。

清汤的制作方法:

第一，汤和澄清液混合均匀。

第二，清汤冲破筏子。加入烤洋葱提供了额外的颜色和味道。

第三，筏子浮至汤面上。

第四，制作好的清汤。

三、如何修复浑浊的清汤

使用煮浑的汤作为基本原料重复整个过程，但这次不要使用任何肉类，在筏子形成后，只炖10分钟。仔细检查，以获得更好的效果。然后就可以使用或适当冷却存储。

知识拓展：

1. 凝结：蛋白质变硬时的作用，通常由于加热或酸的作用。
2. 清汤滤网：一种细丝网筛。

第三节　蔬菜汤

蔬菜汤是以清汤或高汤为基础制作的。蔬菜要切成合适的形状，尺寸均匀，炖至所有材料都变软。肉类、谷物和意大利面通常都是用来补充身体营养所需的。蔬菜汤也可以由一种蔬菜制成，就像准备洋葱汤那样。汤的味道应该要比肉汤浓一些。由于其他配料直接在肉汤中煮熟，因此，这些汤缺乏清汤的清晰度。油炸面包丁是一种常见的配菜，是准备工作的一部分，如法国洋葱汤。

一、制作蔬菜汤的准备工作

（一）原料准备

根据食谱的要求清理、削皮和切菜。因为蔬菜煮熟后，汤也是成品菜的一部分，重要的是刀工要整齐均匀。这样，就可以将原料烹饪均匀，并保持有吸引力的外观。

一些蔬菜汤也包括肉或鱼；有些包括一个组合，如法式炖锅，通常包括牛肉和鸡肉。适当地清理和切割肉类、家禽或鱼类。家禽可以绑成一团煮熟，而不是切成块。还有一种可能的情况是，单独烹饪的肉将被切成小块或丝，然后在上菜时返回到汤里或旁边。煮汤前，一定要把软骨或多余的脂肪去掉，鱼要完全去骨，家禽要去皮。

任何加入汤中的豆子都可以直接在汤里煮，也可以单独煮，煮到快熟的时候再加进去。五谷杂粮、意大利面、大米或其他类似的食材也可以直接在汤里煮，或者单独煮，并在煮到最后几分钟再加入汤中。

各种肉汤、高汤和其他液体（包括水、蔬菜香精或果汁）都可以被用作蔬菜汤的液体基础。参阅具体的食谱以获得确切的数量。和往常一样，一定要检查任何冷藏过的肉汤或高汤的质量，将少量的肉汤煮沸，然后品尝，以确保它的口味、新鲜且有益健康。

当准备大量的汤和其他食材的同时，用小火炖是很有必要的。这可以减少整体烹饪时间，因为汤能更快地达到正确的烹饪温度。根据食谱的要求准备一个香包或香料束。除了传统的配料，也可以选择其他各种香草、香料、蘑菇和辣椒，使成品汤有一种特殊的风味。

有几种配菜通常与蔬菜汤搭配。除了油炸面包丁、香蒜酱、磨碎的奶酪、打发的鸡蛋，都可以在上桌前加入蔬菜汤中。红圆椒蓉、红辣椒、番茄也可以在最后一刻加入汤中，使汤增添色彩和味道。

葡萄酒（如在法国洋葱汤中加入少许雪利酒）、醋（加入罗宋汤中），或柑橘类果汁（酸橙汁加入古巴风格的黑豆汤中）都是最后调整口味的常用选择。

（二）用具准备

大多数蔬菜汤从头到尾都是在一个锅里煮的，通常锅的高度要高于宽度。这样，汤才能在小火上煮得均匀。

二、制作蔬菜汤的方法

（一）炒调味蔬菜至出水

洋葱、大蒜、京葱、胡萝卜、芹菜和防风根通常是蔬菜汤的基本调味材料。用少量的油、黄油或肉汤煮熟，加入咸猪肉可将味道释放到汤里。注意一些鲜嫩的蔬菜一般不允许炒出水，如花椰菜小花、芦笋尖和其他精致的品类。

根据烹饪时间，要错开时间加入。

（二）加入高汤、肉汤或水，把汤慢慢煮开

对于大多数汤来说，慢炖是最好的烹饪速度。蔬菜和肉类会释放出最好的味道，用文火煮蔬菜的外观会更有吸引力。不易煮软的食物切成丝。

在准备过程中，根据需要撇去表面浮物。为了达到最好的成品质量，汤里配料的浮渣需要及时清除。

（三）适当地错开时间加入剩余的配料

根据准备的汤的类型、额外的配料，比如鸡肉片、牛肉、浓蔬菜、谷物或豆类，添加的同时要记住汤的整体烹饪时间，以及每一种配料所需的时间错开放入，或者参考食谱获得更多指导。

通常加入的香包和香料束，烹调时间要足够长，以便汤的味道释放出来。过度烹煮这些食材会降低它们的味道。

烹饪快结束的时候，还会加入一些精致的蔬菜，如青豆、玉米、芦笋或番茄、肉类、蔬菜、意大利面或谷物等，单独煮熟的食物通常也会在烹饪的最后几分钟加入。

（四）将所有食材完全煮熟、变软，汤的味道得到极致

煮汤时，必须要经常品尝，适当做出调整，这样可以知道汤的味道何时能达到巅峰。确保遵循安全的食品处理方法，要使用品尝勺子，绝不能使用相同的勺子再次品尝汤。

（五）汤煮好后进行最后的调味、装饰和上菜，再进行冷却和储存

第四节　奶油汤和奶油蓉汤

根据经典的定义，奶油汤是基于白汁——用牛奶、面粉糊增稠，最后再加入浓奶油。奶油蓉汤是基于一种清淡的奶油高汤，用面粉糊使其变稠，最后加入浓奶油和蛋黄。当代的美食家不再在两者之间画上明显的界线，而现代的厨师们经常在厨房里做菜用奶油蓉汤代替奶油汤中的白汁。

一、奶油蓉汁

这种酱汁用于制作许多白色酱汁，它的法语翻译过来是“天鹅绒般柔软，顺滑的口感”。真正优秀的奶油蓉汁应该满足几个标准。奶油蓉汁的口味应该反映其准备过程中使用的高汤，白色的小牛肉，味道几乎接近中性。用适量的面糊使其变稠，颜色是苍白的象牙色，不可有一丝灰色。完美的蓉汁应该是半透明的、有光泽的，没有一丝颗粒感。酱汁应该有一个明显的体量，足够浓稠，很好地裹覆在勺子背面，但仍然可以从勺子里倒出来。面糊的使用比例（见表4-1）。

表4-1　轻、中、重奶油蓉汁和白汁中面糊的使用比例

程　度	面　糊	液　体
轻	10~12 盎司	1 加仑
中	12~16 盎司	1 加仑
重	18~20 盎司	1 加仑

可以从奶油蓉汁中提取的酱料数量仅次于牛骨汁。一些由蓉汁制成的经典小酱料列在表4-2中。此外，蓉汁也被用来煮汤。

表4-2　奶油蓉汁的衍生产品

酱　汁	底　汤	装　饰
阿尔比费拉式	小牛肉	高汤配肉酱和甜椒黄油
阿勒曼德	小牛肉	蘑菇
凤尾鱼	鱼	诺曼底酱，凤尾鱼黄油，切碎的凤尾鱼柳
香草	小牛肉	百里香，罗勒，马郁兰，香葱，干葱头，胡椒，细叶芹，龙蒿，柠檬汁
朝霞	小牛肉 / 鱼	高汤加番茄
贝西	鱼	干葱头，黄油，白葡萄酒，欧芹
博纳富瓦	小牛肉	龙蒿
布列塔尼式	小牛肉 / 鱼	切成丝的京葱、芹菜、洋葱、蘑菇，全部用黄油煮熟
细叶芹	鸡	细叶芹、欧芹、龙蒿、细香葱、胡椒粉、白葡萄酒，过滤后加入小葱和黄油
克里维特	鱼	虾黄油
咖喱	小牛肉	洋葱、苹果、咖喱粉、椰奶，过滤后加奶油
诺曼德	鱼	诺曼底酱，龙虾黄油，饰以虾和松露
匈牙利式	小牛肉	高汤，洋葱，辣椒，白葡萄酒
牡蛎	鱼	诺曼底酱，蚝汁，水煮牡蛎
象牙海岸式	小牛肉	高汤，淡肉汁
儒安维尔式	鱼	小龙虾和虾粒，松露丝
里窝那式	鱼	松露丝，胡萝卜，欧芹
诺曼底酱	鱼	蘑菇，蚝汁，蛋黄，黄油，奶油
拉维哥特	小牛肉	用白葡萄酒和醋、葱、黄油，饰以细香葱、龙蒿
奶油鸡汁	鸡	鸡肉与重奶油浓缩
布兰克	鱼	葱，黄油，香草

（一）制作奶油蓉汁的准备工作

1. 原料准备

制作奶油蓉汁所需的原料是白高汤（小牛肉、鸡肉、鱼或蔬菜）、白面粉糊，可根据需要选择调味料或配料。

如果可以，偶尔添加蘑菇边角料（大约5盎司每加仑奶油蓉汁），可以增添奶油茸汁额外的风味，也可以加入一个小香包或香料束。

所需的面糊量，根据奶油蓉汁成品的期望稠度而不同。大多数酱汁都使用中等稠度。汤需要清淡的稠度。

肉汤或高汤可以用竹芋或玉米淀粉浆使其变稠，可以消除传统的面糊中使用的额外的油脂。但是，这种酱汁的保质期比较短，而且不适合放在蒸汽台面上来保温。

2. 用具准备

不要选择铝锅，铝锅会导致产生反应而使蓉汁出现灰色。要用木质的勺子，不会给蓉汁带来异味。还需要准备品尝勺子、撇奶油器、细筛子（或棉纱布，用于过滤）、储存或提供成品酱汁的容器。

（二）制作奶油蓉汁的方法

1. 煨高汤，慢慢搅入面糊

为了使面糊适当地将酱汁调至浓稠，在高汤煮沸过程中，面糊被搅拌到高汤里，使得面糊中的淀粉迅速膨胀几乎立即增厚。不断地搅拌或搅打汤汁，同时每次加一点面糊。面粉糊很容易结块并掉到锅底。为了避免这种情况的出现，需要保持持续的动作进行均匀的搅拌。

如果在做酱汁的过程中做面糊，可以直接在锅里做，然后将高汤逐渐加入面糊中。高汤的温度应该比面粉糊低。为了让这一过程更有效率，让高汤慢炖，然后在制作面糊时把它从火上移开。再慢慢加入高汤，不断地搅拌，防止酱汁结块。

2. 将汤煮沸，然后小火煨

一旦面糊和高汤完全混合，达到真正的煮沸，便调为文火。如果添加额外的调味料和配料，可以在这时候加入。煨制至少30分钟的时间（有些厨师喜欢煨到1小时），可以有效地将面糊中残留的生粉味煮掉。

汤还会出现杂质，可能会影响最终的味道、质地和外观。汤的杂质会浮于汤汁的表面，要将其撇去。把锅稍微从燃烧器的中心移开，会让液体自然地对流，把杂质撇到锅的一边。

用木勺仔细搅拌酱汁。一定要用勺子刮到锅底，在烧焦之前释放出所有的堆积物。

在酱汁制作的过程中要经常品尝，这样可以使酱汁的味道、质地和颜色都是最好的时候停止烹饪。加入面糊后，酱汁口味会有非常轻微的坚果味。可加入适当的添加物来提升酱汁的整体味道，如蘑菇边角料或香料束。

好的品质奶油蓉汁应该有明显的香气、光泽，呈半透明状，口感平衡。在舌头上放一点酱汁，紧贴着上腭，如果酱汁煮得好，应该没有生粉味或黏黏的感觉。

3. 用细筛子过滤酱汁

在酱汁煨的过程中，表面会不可避免地结起，在锅的底部和边缘粘上一层。要想获得真正的丝绒质地，可以使用绞汁或挤奶的方法来过滤。做好的酱汁可以冷却后储存，供以后使用。

二、白汁

据传说，Béchamel侯爵（以他的金融敏锐著称）负责研发出这款经典酱汁。不管是不是他做的，这种酱汁已经成为酱汁基本技艺的永久组成部分。最初，白汁是通过添加来制作的，奶油加入相对较浓的奶油蓉汁，变薄并完成。今天，它是通过增稠来完成的。牛奶中加白面糊、香料，用文火煨制。

正确烹饪完成后，白汁应该有奶油味，反映其基本液体——牛奶。如果把酱汁煨制足够的时间，应该没有生粉的味道。白汁应该有重奶油的颜色（略有象牙色）。虽然白汁本质上是不透明的，有一定的光泽，它应该非常光滑、没有颗粒。

白汁和奶油蓉汁都可以配制成轻、中或重的稠度（见表4-3）：轻度白汁可以用作奶油汤的基础；中度白汁基本用作调味沙司；重度白汁可用作馅料或烤通心粉的黏合。

用白汁制作的衍生品或酱汁的数量并不像牛骨汁和奶油茸汁这两种产品的数量那么多，做一些经典的酱料，厨师都有各自的专长。

（一）制作白汁的准备工作

1. 原料准备

制作好的白汁所需的材料相对较少：牛奶、白色面糊、香草。

在开始加工前一定要检查牛奶的质量。当牛奶很凉的时候，往往会忽视奶质变酸的早期迹象，会从其他食物中吸收味道。取少量牛奶煮开，闻起来会很甜，外观光滑，没有明显的凝乳。

如果喜欢把面糊作为整个过程的一部分，需要准备好蔬菜油和面粉来替代面粉糊。

香料的选择可以使成品酱汁有明显的不同，有些厨师喜欢用欧尼翁香料块（一个完整或对半切的洋葱，上面点缀着整个丁香和一片月桂叶）。即使没有使用香料块，可以添加一两个丁香、一片月桂叶，甚至一枝新鲜的百里香，来增强酱汁的味道。许多人认为最后加入磨碎的肉豆蔻是必不可少的，但是一定要小心，肉豆蔻味道很重，一旦你把肉豆蔻放进去，就不能把它从酱汁中去掉。

表4-3　白汁的衍生产品

酱 汁	配 料
英式海鲜	鳀鱼精华，辣椒，龙虾丁
波希米亚式	冷盘，加热蛋黄酱，龙蒿醋
红衣主教式	鱼汤，松露精华，奶油，龙虾油
芹菜	芹菜芯煮白清汤，洋葱刺丁香，过滤，与奶油汁混合
奶油	奶油 ，柠檬汁
苏格兰式	白汁配以煮熟的蛋白细丝和蛋黄碎
摩内	黄油，磨碎古劳耶干酪和帕尔马干酪
英式煮蛋	煮熟的鸡蛋丁，肉豆蔻
虾仁	鱼汤，虾仁，黄油
苏比斯	切碎的洋葱蓉

2. 用具准备

在选择锅的时候，避免铝锅，这可能会导致成品呈现灰色。一个相对重的锅对这个酱汁来说很重要，因为它比其他任何锅都重要。而其他锅则可能在烹饪中煮焦酱汁。

木质的勺子不太可能给这种颜色的酱料带来异味。还需要品尝勺、撇脂器、细筛或粗棉布和储存酱汁的容器。

（二）制作白汁的方法

1. 洋葱末炒至出水，准备白汁和摩内沙司

摩内沙司制法：

第一，面粉和洋葱丁一起煮。

第二，将凉牛奶逐渐加入面糊中。

第三，将磨碎的古劳耶芝士加入过滤过的白汁中，做成摩内沙司。

如果所需成品的颜色是白色的，要确保使用的洋葱是纯白色的。将其放入一个有盖的锅中，用低温加热炒至变软并变成半透明，洋葱不能上色，但要完全煮熟，这样成品就不会产生辛辣味。

2. 加入面粉，做成白色的面糊

把面粉和洋葱搅拌均匀，让面糊低温进行烹饪，加热几分钟。这将去除面粉的生味道，还赋予成品一种低调的坚果香味，完美的白色。在这个阶段，不要让面粉糊变得有一丝金黄。

如果有现成的面粉糊，这个步骤就不需要了。相反，将按照奶油蓉汁中的描述继续进行。把牛奶下入洋葱，煮沸，然后慢慢搅打到面糊中。

3. 慢慢地把牛奶加到面糊里，用小火炖

和平时一样，当使用面粉糊和液体时，要确保它们的温度不一样。如果想做面糊，牛奶可以慢炖，然后在准备面糊时关火冷却。如果你使用欧尼翁香料块可以加到牛奶中煮，然后让它浸泡至牛奶冷却。

用打蛋器或木勺将液体和面粉糊逐渐混合，可以添加的香料有：百里香、月桂叶、丁香或欧尼翁香料块。

酱汁调好后要炖制30分钟到1小时。比起其他酱汁，白汁中沉淀的淀粉，会与牛奶结成固体。

遵循与奶油蓉汁相同的步骤，此过程中要品尝酱汁，一旦面粉的味道不再明显，说明酱汁就煮熟了。

4. 在过滤酱汁前，加入磨碎的肉豆蔻调味

对于许多厨师来说，肉豆蔻是白汁中不可或缺的组成部分。不过要记住，只有在不影响成品味道的情况下才可以添加。肉豆蔻是一种重味的调味品，应该一次只加一点。

5. 做好酱汁，按说明冷却并妥善保存

知识拓展：

1.罗宋汤：一种由甜菜制成的传统汤，可冷、热饮用，并配一些酸奶油。

2.奶汁干酪：在烤箱中或在焗炉下变成棕色。

3.出水：在一个有盖的锅里用少量油脂烹饪食物，直到它变软并释放出水分。

第五节　牛骨汁

一、制作牛骨汁的准备工作

准备这种酱汁，一个好的过滤器和棉纱布是必要的。还有作为保存、冷却或储存的容器，品尝勺、撇油勺或长柄勺都应该准备好。

二、制作牛骨汁的方法

（一）小火煨制小牛肉高汤和黄汁

将等量的小牛肉高汤和黄汁放入厚底锅中煮至沸腾，然后调小火，继续用小火煨制。

烹饪的速度是很重要的，以避免在酱汁浓缩时烧焦。在烹饪过程中酱汁慢慢浓缩，不仅要靠眼睛还要靠鼻子来判断。根据准备的牛骨汁的数量，要把酱汁依次转移到更小的锅子里。这样可以防止酱料在烹饪时烧焦。

把锅稍微移开热源的中心，使褐色酱汁或高汤中的杂质和油脂聚集在锅的一侧，要将其撇去，这有助于制作出极其透明和光滑的酱汁。

（二）小火煨至酱汁浓缩一半

当牛骨汁开始浓缩且至完全浓缩，牛骨汁有了正确的稠度，取少量到嘴里时，会觉得有点黏稠感，这是可以接受的。另一种测试方法是，将少量的牛骨汁倒在盘子上。吹酱汁，酱汁会呈现玫瑰图案（记住要丢弃这个测试部分的酱汁，不要把它重新放到锅里）。

如图，浓缩的牛骨汁，要注意它的浓稠度。

（三）沥干牛骨汁

沥干牛骨汁，要使用绞汁或挤奶技术。

完成酱汁，或者用来准备各种衍生产品，或者进行冷却和储存。

1. 绞汁法

第一，将洗过的纱布盖在碗上，将酱汁倒进去。

第二，两个人把棉纱布收起来，如右图所示。

第三，继续动作，直到所有的酱汁都从棉纱布中拧出来。

2. 挤奶法

第一，把洗过的棉纱布铺在锅或碗上，将酱料倒入有内衬的锅中，两个人抓住布的四角。

第二，每次抬起一个角，从一边到另一边交替。其他角应该保持稳定。

表4-4　牛骨汁的衍生产品

酱 汁	配 料
贝西	干葱头，胡椒，白葡萄酒，黄油，骨髓丁，欧芹
波尔多式	红酒浓缩，肉汁，水煮骨髓
查库蒂尔式	罗伯特酱，酸黄瓜丝
猎人式	蘑菇，干葱头，白葡萄酒，番茄碎
夏多勃良式	干葱头，百里香，月桂叶，蘑菇，白葡萄酒，黄油，龙蒿，欧芹

续表

酱 汁	配 料
魔鬼式	浓缩白葡萄酒，胡椒，干葱头，辣椒
黛安式	波瓦拉德奶油沙司
龙　蒿	龙蒿
金融式	马德拉沙司配松露精华
香　草	白葡萄酒，香草，柠檬汁
里昂式	用黄油煎洋葱，加入白葡萄酒、醋，最后加入牛骨汁
马德拉	马德拉葡萄酒
莫斯科	西班牙辣酱加上杜松子，烤杏仁片，醋栗，马萨拉白葡萄酒
佩里戈	松露香精，切碎的松露，马德拉葡萄酒
佩里戈尔式	鹅肝酱，切片松露
开胃式	白葡萄酒、醋、干葱头浓缩后过滤，装饰酸黄瓜、细叶芹、龙蒿、胡椒
西班牙式	红酒与花椒、黄油浓缩而成
波　特	波特酒、干葱头、百里香、柠檬、橙汁、橙皮、盐、辣椒浓缩而成
罗伯特	白葡萄酒，洋葱，芥末，黄油
罗　马	淡焦糖与醋，牛骨汁和野味高汤混合汁，配烤松仁、葡萄干和加仑子
索尔费里诺	干葱头，餐厅牛油，番茄精华，辣椒，柠檬
辛加拉	番茄，蘑菇丝，松露，火腿，辣椒，马德拉

这里包含了一些从牛骨汁中提取酱汁的配方。

制作各种特制酱汁的主要方法有：以加烈葡萄酒结尾；浓缩；最后加黄油。

烈葡萄酒有波特酒、马德拉、马萨拉或雪利酒，经常被用来使调味汁有一种特殊的味道。这些酒是烈酒，不建议浓缩。相反，将适量的葡萄酒添加到浓缩的酱汁中，并混合在一起。酱汁尽快上桌以获得最佳风味。

浓缩酱汁使用葡萄酒或其他风味液体（白兰地、果汁或精华），连同特定的芳香或装饰配料（这也可以独立完成烹饪，如在准备大批量宴会上用的特殊调味汁）。在某些情况下，特别是当装饰或调味配料（如蘑菇、干葱头或番茄）的加入，会在短时间里散发其风味。如果没有加入葡萄酒，可以在这个时候加入，让其浓缩，以加强味道。在酱汁中加入牛骨汁，用小火慢炖，通常是 5 ~ 10 分钟，这样味道才能充分发挥。最后调味完成。

使用黄油是最后一个步骤，可以单独使用，也可以作为最后的步骤加入烈葡萄酒酱汁或浓缩酱汁。整块无盐黄油切成丁并保持固体，加入酱汁，使酱汁乳化变稠。重要的是要记住平底锅在黄油和酱汁混合的整个过程中都要保持滚动。

黄油是调味酱的最后一道工序。最后加入黄油，使酱汁有不透明的外观，以及混合到一个丰富和谐的味道。

第六节　肉　汁

肉汁，通常简称为“底汁”，是一种由（通常是棕色的）小牛肉高汤制成的浓汁（尽管其他高汤也可能被使用）。肉汁应该是一种高汤或轻微烤肉浓缩出的，用竹芋来增厚。

有些厨师用肉汁代替经典的酱汁，虽然在外观和用途上与牛骨汁相似，但底汁需要更少的烹煮时间，因为它含有一种变性淀粉（例如竹芋）作为增稠剂。因此它也更大程度地呈现了清晰度，半透明和有光泽，但没有那么深的颜色和复杂的味道。它可以用于许多其他酱料的准备。底汁通常用于去除平底锅的釉面，并专门烹煮的酱汁。它可以用上面描述的任何牛骨汁方法调味或完成。

另一种可以改变肉汁的方式，是引入一种特殊香料的味道。例如迷迭香或龙蒿，可以添加到肉汁中。在准备牛骨汁的过程中，很少会这样做，因为牛骨汁的目的是生产一种基础酱汁，所以，明显的味道不适合使用。在某些情况下，由于肉汁不需要像牛骨汁所要求的长时间煨煮，它更适合做更小、更个性化的产品。

小牛汁，这种酱汁是以棕色小牛肉高汤为基础制成的。也可以使用其他基础底汤，加以进一步的变化。在如今的厨房，以家禽、野味、猪肉甚至蔬菜为原料的棕色高汤经常被使用。

一、制作肉汁的准备工作

（一）原料准备

肉汁的四个基本要素：肉骨汤、切成大粒的调味蔬菜、番茄蓉、在冷液体（浆液）中稀释的竹芋。

汤汁是这款酱汁最终成功的直接原因。它必须是高品质的，具有浓郁诱人的风味和香气。味道应该很平衡，没有强烈的香料味，香草或香料可能会压倒成品酱汁的口味。另外，如果汤汁味道很淡，那么酱汁的味道也会很差。肉汁是用棕色高汤烹制，加入了小牛肉、鸡肉、猪肉或蔬菜。

在酱汁中加入调味蔬菜是由厨师自行决定的，如果有足够的味道，那就可能不用加了。

如果番茄蓉不能用，可用番茄酱、番茄碎或纯番茄酱替换。确保你选择的任何番茄产品都有足够的时间烹饪。

基础配料中还可以添加一些葡萄酒（一种佐餐用的干葡萄酒，红色或白色，根据期望的结果添加），可以加在酱汁里，用文火煨制，也可以用它代替水来稀释竹芋。蘑菇边角料、香草（整枝或茎）、姜、大蒜、葱或干果和蔬菜也可以在酱汁制作过程中加入。许多厨师也喜欢添加一些棕色的肉骨头或瘦肉。

（二）用具准备

肉汁通常是在一个锅里完成。锅体要宽，这是最有效的使调味汁充分而迅速地提取出香味。还需要有厨房勺子或撇油器、品尝勺、细滤网，盛酱汁的容器（用来冷却和储存酱汁）。

二、制作肉汁的方法

（一）炒制蔬菜

用少许油或澄清的黄油将蔬菜炒出水，洋葱炒至金黄色。

这是重要的步骤，应该给予足够的时间。最好是蔬菜呈深金黄色。

另一种方法是把蔬菜烤熟。这样就不需要添加更多的油脂到酱汁里。

（二）炒制番茄蓉

加入番茄蓉炒，直到变成焦糖色。

让番茄充分“煮熟”，可以减少过多的甜度、酸度或苦味，这些都会影响到成品酱汁。如果把蔬菜烤成棕色后，加入番茄蓉，可以增强酱料整体风味和香气的发挥。

（三）煨制

加入肉骨汤煮沸后用小火煨制 4~6 小时。

为了使酱汁发挥出最丰富的味道，重要的是煨制的时间要足够长。

在煨制的过程中，要经常撇去酱汁表面的浮渣。把锅稍微偏离燃烧器的中心，可以让沸腾的液体自然对流，把杂质聚集到锅的一边，这样更容易撇去浮渣。

经常品尝酱汁，可以在酱汁出现最佳浓郁的味道和香气的那一刻停止烹饪。酱汁有光泽、半透明、口感平衡。

（四）加入浆液

加入浆液到酱汁中，继续煮 2~3 分钟。

竹芋粉（或玉米淀粉）会使酱汁变稠，要慢慢地加入酱汁中并搅拌均匀，以免酱汁变稠，使酱汁能很好地裹覆于勺子背面。

（五）过滤、储存

将酱汁过滤。过滤好的酱汁可以用于其他准备工作，也可以适当冷却并储存，以备以后使用。

第七节　番茄沙司

番茄沙司是调味酱中出现相对较晚的食物，因为番茄是首先从新大陆传到欧洲的。番茄是做这种酱汁的关键，也是制作其他酱汁的重要调味料。

尽管许多版本的番茄沙司是由基本的番茄酱衍生制成，与牛骨汁、白汁一样是厨房里的重要酱汁。制作番茄沙司有几种方法，橄榄油被用作唯一的烹饪油脂。另外，还需要一些腌制猪肉或熏肉；有些食谱要求使用烤小牛肉或猪骨；还有一些则完全由西红柿和蔬菜制成。下表列出了一些典型的番茄沙司。

表4-5　番茄沙司的衍生产品

酱汁	配料
酱汁肉	肉冻
肉	煮碎牛肉，小牛肉 / 猪肉
奶油龙虾式	调味蔬菜与小龙虾黄油，白葡萄酒，白兰地，新鲜西红柿，奶油鱼汁，辣椒
葡萄牙式	炒洋葱，番茄碎，盐，胡椒，番茄沙司，肉汁，大蒜，欧芹
普罗旺斯式	蘑菇片，油，盐，胡椒，糖，大蒜，欧芹

番茄沙司经常用来搭配油炸食品、蔬菜、意大利面或一些炒的食物，它有一种独特的质地，不像一般的酱汁那么光滑和精致。

番茄沙司应该有一种浓郁的番茄味，没有苦味及过多的酸味或者甜味，任何用来作为调味酱都选择以番茄的味道为基础。酱汁做好后，可以加一些装饰。

番茄沙司是不透明的，要用适当的文火煨制，过滤后会给它带来光泽，这种酱汁比其他酱汁稍微粗糙一些，即使在制蓉和过滤西红柿后，质地依然完好。酱汁应该相对光滑，足够厚，可以覆盖在勺子背面。

一、制作番茄沙司的准备工作

（一）原料准备

因为番茄沙司有很多不同的食谱，所以可能需要各种各样的配料和准备工作。基本组成部分有：罗马番茄（新鲜或罐装）、去皮番茄（新鲜或罐装）、绞碎的猪肉、油（或清黄油）、高汤（小牛肉、鸡肉、牛肉、猪肉或蔬菜）、芳香蔬菜（切成中等大小的方块）、香包（或香料束）、额外可选的调味品。

李子番茄，有时也被称为“罗马番茄”，通常是番茄沙司的首选，因为它的肉、皮和种子的比例相对较好。当新鲜的番茄达到收获高峰时，单独使用它们可能是一个好的选择。在一年中的其他时候，高质量的罐装番茄是首选。新鲜的番茄应该切碎，罐装番茄可以是完整的、制蓉的，也可以是两者的结合。在某些情况下，想要或需要加入番茄膏，以获得额外的风味和质地。

烤牛肉或猪骨或这些肉的边角料，有时包括在番茄酱中。一种经典的番茄沙司——博洛尼斯酱，含有大量的牛肉，被大多数意大利人认为是炖肉。然而，肉类并不是所有番茄酱的绝对要求。玛丽娜拉沙司是意大利各地区许多菜肴基础，在许多传统版本中，被描述为一种用橄榄油、大蒜、洋葱和切碎的番茄制成的简单、快速的酱汁。

一些食谱可能要求用标准的蔬菜作为芳香蔬菜成分。其他人可能更简单地依赖大蒜和洋葱，成为食谱或味觉的指南。

各种香草和香料都可以和番茄搭配，这使得定制酱料来满足特定需求变得很容易，也许只需要用罗勒来做配意大利面的酱汁。或者加入更有异国风味的香料，或以中东风格来烩制蔬菜。

（二）用具准备

番茄是高酸性的食物，所以最好选择非活性的锅，如不锈钢或极氧化铝材质的锅。锅的尺寸也很重要。由于番茄含糖量高，烹饪时温度要均匀，不要让酱汁烧焦。

用食物碾磨器或筛子来过滤酱汁。为了使其质地光滑，要使用搅拌机或食品加工机做最后一步。

二、制作番茄沙司的方法

（一）炒制蔬菜

用小火加热锅里的油、黄油或咸猪肉碎。然后，加入芳香蔬菜，炒出水分。

将洋葱炒至半透明，所有蔬菜的汁液都会渗出来。如果需要的话，可以把洋葱炒成金黄色，产生甜味来抵消番茄中多余的酸度。

（二）慢炖

将剩下的食材加入，慢炖。在调味料还没有加入炖锅前，根据食谱要求，加入番茄和任何高汤或肉汤。

（三）煨制

用文火煨制酱汁，直到味道充分发挥出来。在此过程中，烹饪时间可能有明显的不同。取决于番茄是新鲜的还是罐装的，以及酱汁类型，番茄越干，酱汁熟得越快。

在烹饪过程中要经常搅拌，偶尔检查一下味道。必要时要加入额外的少量切碎的洋葱和胡萝卜，来压盖酱汁的味道。如果味道太淡，可以加少量的番茄酱或番茄蓉。如果酱汁太甜，可以添加更多的番茄、高汤或水来调整。

（四）过滤

当酱汁达到想要的口味时，先用粗筛过滤。将用过的骨头和香包或香料束，取出并丢弃。将滤锅中剩余的固体压紧，提取所有的汁水。

如果要酱汁光滑，用食品研磨器来过滤酱汁是最佳方法。搅拌器是制蓉的酱汁第二次使用的食物处理器。

（五）储存

将制好的酱汁，适当冷却并储存。

番茄沙司的制作方法：

第一，将番茄压成细蓉状。

第二，压碎或搅碎的番茄酱中加入切碎的新鲜牛至、罗勒和欧芹。

知识拓展：

库利斯：在酱汁被编入大酱汁范畴及其衍生产物之前，任何酱汁都是最可能被叫作“库利斯”的。

如今，库利斯通常指的是一种蓉制的蔬菜酱汁，如红圆椒、花椰菜或番茄。事实上，制作方法非常类似上述的番茄沙司。芳香蔬菜和香草被炒出水；主要的调味成分是与肉汤(或高汤)、蔬菜（或果汁、水）一起，用文火煨至足够柔软。

库利斯可以用奶油或黄油完成，用各种配料调味（如切碎的新鲜香草、切成丝或丁的调味料）或装饰。

第八节　荷兰汁

荷兰汁得名于对荷兰生产的高质量黄油和其他奶制品的认可。由于荷兰汁的最大比例是黄油，酱汁制成的成功或失败不仅要取决于蛋黄和黄油之间的平衡，还要取决于黄油本身的质量。

荷兰汁属于乳液酱汁。当一种物质悬浮在另一种物质中就形成了乳剂。在这种情况下，熔化的清黄油悬浮在熟透的蛋黄液中，因为它不是一种真正的混合物，所以能很容易地分离成不同的成分。换句话说，它是可以打破其他乳剂酱汁（包括蛋黄酱、油醋汁等）的例子。

荷兰汁应该是一种淡柠檬的颜色，具有绸缎般光滑的质地和外观。荷兰汁风格的酱料可能有略微不同的颜色，如肖隆酱中含有番茄蓉，这使成品酱汁呈浅橙色。

一、制作荷兰汁的准备工作

（一）原料准备

准备好荷兰汁所需的原料：无盐黄油（熔化或澄清，并加热）、蛋黄、水（干白葡萄酒或白葡萄酒）、新鲜柠檬汁、可选的调味料或装饰材料。

关于是使用澄清的黄油还是熔化的黄油，厨师们意见不一。有些厨师觉得澄清的黄油能制作出更稳定的酱汁；另一些厨师则喜欢熔化的黄油，其中的固体乳可以混合到酱汁中，让它有一种奶油的味道。无论采用哪种方法，最好的结果是当黄油和熟蛋液的温度一样时才能混合。

调味料和稠度的调整通常很简单：鲜柠檬汁、盐、细白胡椒粉，可以酌情加点水。

（二）用具准备

荷兰汁通常是将酱汁混合在一个碗里，用小火煨制。一个小炖锅（是必要的）和一个细小过滤器来过滤完成的酱汁（如果需要）。如有必要，成品酱汁可以用漂洗的粗棉布来过滤。

打蛋器用来混合黄油，一个勺子把熔化的黄油逐渐添加到蛋黄液中。酱汁准备好后，可以直接在准备好的容器中保温，也可以转移到干净的蒸锅或宽颈真空瓶中。

二、制作荷兰汁的方法

（一）冷却、加热

浓缩的黄油中加入少量水冷却。将酱汁（如果需要的话可以过滤）放到一个不锈钢碗里。

用中火将液体加热到几乎完全熟。然后加入水和（或酒、醋）干葱头、碎胡椒使酱汁有一种明亮的味道。如果没有这些，蛋黄和黄油的混合物就是呆板的而不是丰富的酱汁。

浓缩液必须冷却以免煮过头。注意不要添加太多水，通常一茶匙左右就足够湿润了。过滤打好的原液。

如果有双层锅的话，可以把不锈钢碗换成双层锅。一些厨师可能更喜欢直接在锅中制作酱汁。这就需要在烹饪过程中格外小心。使用非活性金属制成的锅也是一个好主意，铝锅会使酱汁颜色变得略灰。

（二）加入蛋黄并搅打

将蛋黄加入浓缩液中，用小火慢慢搅打直到变稠和有丰富的泡沫。

制作荷兰汁时，要将蛋黄液加热到恰到好处的稠度。要有泡沫，但仍然是液体；要温度适当，但不要太热；体积增大，但不会凝结。

如果浓缩液看起来太热，开始在周围和底部轻微凝结，把碗或锅从火上移开。把它放在冷的表面上，继续搅拌至混合物稍微冷却，然后再用文火继续煮酱汁。要确保水刚刚沸腾，应该没有明显的沸腾迹象，只有大量的蒸汽从表面冒出来。

（三）加入黄油并搅打

酱汁中慢慢加入热黄油，再慢慢搅打。根据需要调味。

需要腾出手，一手搅拌，另一手用勺子把黄油舀进蛋黄里。将碗固定在沸腾的水上是一个很好的预防措施。在锅和碗之间铺一条干净的手巾来保持平稳。

加入黄油时，要一次一点，不断地搅拌。再继续加入黄油，再搅拌，直到酱汁变得浓稠，所有的蛋液和黄油混合在一起。

当酱汁快做好时，加入盐、胡椒粉或柠檬汁调味。柠檬汁是为了增添酱汁的味道和质地，但不要让它成为主导的味道。如果酱汁太浓，需要加一点温水来恢复其光滑的纹理。

此时，可以用粗棉布或细筛将酱汁过滤。如果在整个的准备过程中都很小心，就不需要过滤酱汁了。

（四）储存

荷兰汁做好后，要保持在70℃左右的温度。酱汁的保存时间不应超过2~3小时，超过时间就要将任何使用过和未使用过的荷兰汁丢弃。

荷兰汁在很多方面都是一种精致的酱汁。酱汁太热的话，它不仅容易打破乳剂，也很容易在不经意间促使病原体（如沙门氏菌）的生长，导致食物传播传染疾病。将煮好的酱汁放入不锈钢瓶或宽颈的真空瓶中都是不错的选择。

所有用来舀酱汁的勺子和长柄勺保持干净，永远不要再放进去用过的品尝勺、手指或混入其他酱汁成为污染源。

制作荷兰汁的方法：

第一，蛋黄在碗内隔水加热。

第二，用小火将蛋黄搅打至变稠起泡。

第三，在加入黄油时，用干净的毛巾将碗固定。

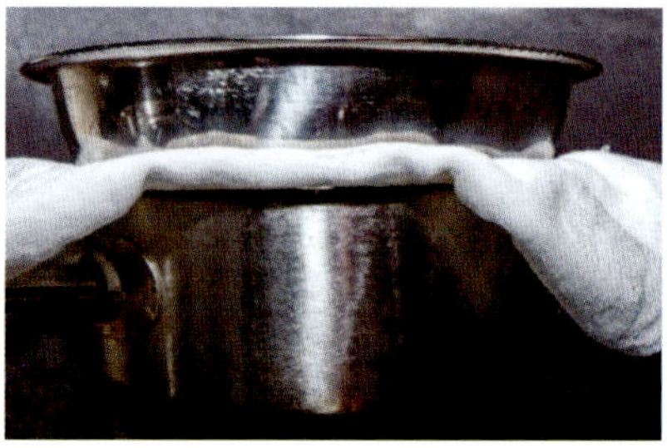

第四，不停地搅打蛋黄，慢慢地加入黄油。

第五，要注意打蛋器在酱汁内留下的印痕。

三、温润黄油乳剂

表4-6　温润黄油乳剂（荷兰式）

酱 汁	配 料
巴伐利亚式	浓缩胡椒，辣根，百里香，月桂叶，欧芹，醋，小龙虾，小龙虾尾（用于装饰）
贝亚恩式	龙蒿，细叶芹
肖隆酱	贝亚恩汁配番茄酱
福约式	贝亚恩汁配肉汁
马耳他式	血橙
奶油冻	鲜奶油
榛色黄油	棕黄油
王宫式	薄荷
鲁宾斯式	将白葡萄酒、辣椒酱和鱼汤还原，过滤，加入小龙虾、黄油、凤尾鱼酱

四、拯救失败的荷兰汁

黄油和鸡蛋液应该是在相同的温度时，才能达到最佳的混合效果。如果鸡蛋比黄油温度低，可能会导致酱汁呈现凝结的外观，这是因为蛋黄可能会进一步冷却黄油。如果发生这种情况，可放在沸水上搅打，直到酱汁失去油腻凝结的外观后，再加入更多的黄油。

如果黄油比鸡蛋温度高很多，或如果在酱汁下让水沸腾，那么鸡蛋可能会被煮过头。在这种情况下，酱汁会呈现出“炒鸡蛋”的样子。为了解决这个问题，应立即在酱汁中加入一点冷水，然后从火上移开。把碗放在阴凉的地方（比如不锈钢工作台上）继续搅拌，直到酱汁再次变得光滑。如果酱汁没有变得光滑，需要过滤酱汁后再继续以后的步骤。

第九节　布兰克酱汁

有许多关于布兰克酱汁最初是如何、何时以及由谁制作的故事。图卢兹·罗特列克伯爵夫人的《法国烹饪》一书中曾提及，克莱蒙斯夫人首先发明了这种酱汁，用于搭配三文鱼和卢瓦尔河中其他淡水鱼。

布兰克酱汁，就像荷兰汁一样，是一种黄油经过浓缩后形成乳剂的酱汁。传统的做法是浅水煮菜时用的烹饪液，这些液体通常含有葡萄酒，这使得酱汁在本质上类似白葡萄酒。也可以单独制备一种还原剂，如荷兰汁。

一、制作布兰克酱汁的准备工作

（一）原料准备

准备好整块的无盐黄油并切成丁冷藏、浓缩液体（葡萄酒或醋）、浓缩奶油（可选）、根据需要添加额外的调味料或装饰材料。

就像黄油的质量对制作荷兰汁的成功至关重要一样，它对布兰克酱汁也同样重要。无盐黄油是最好的。仔细检查黄油是否有浓郁的甜味，奶油质地和香气。

布兰克酱汁可能包含多种配料。最常用的有：一种酸性物质，如干葡萄酒、醋或柑橘汁；切碎的葱、大蒜或姜；切碎的香草，包括龙蒿、罗勒、香葱或细叶芹；用于烹饪的水煮的鱼或鸡（特别是在法式清汤中含有葡萄酒或醋时）；胡椒碎、番茄丁、藏红花；特定的食谱中提到的其他配料。一定要将酱汁煮到合适的稠度，但不要变干。

如果用奶油来稳定酱汁，就要单独浓缩奶油。小心地用文火煨奶油（不要让它沸腾），直到它变稠，呈现出浓郁的象牙黄色。

这种酱汁所需的调味料和稠度的调整通常很简单，加入鲜柠檬汁、盐、白胡椒粉即可，必要时加一点水。

（二）用具准备

平底煎锅通常用于制作布兰克酱汁。因为锅的表面越大，直接接触热量越快，就更容易快速地做好酱汁。要选择不会跟食物产生反应的金属制成的锅，烹饪好的酱汁不用过滤。

将搅打好的黄油加入酱汁中，许多厨师更喜欢使用平底锅搅打，在炉子上融入黄油。一旦酱汁做好，便放在一个干净的蒸锅或宽颈真空瓶内。

二、制作布兰克酱汁的方法

（一）制作浓缩液体

浓缩液体（葡萄酒或醋）和干葱头、胡椒碎是酱汁的主要调味料。让所有的原料在相当快的热度下浓缩，直到液体形成类似糖浆一样的稠度。

（二）加入少量奶油

如果需要的话，做好浓缩液体后加入少许浓缩奶油。不过不要加得太多，因为酱汁应该有新鲜的甜黄油的味道，而不是重奶油的味道。

（三）加入冷冻黄油丁，加热后搅打

将冷冻黄油丁加到浓汁中，用小火加热，直到酱汁达到合适的稠度。

温度控制是制作这种酱汁的关键，烹饪温度要低，黄油的温度应该比室温低一点。有些厨师更喜欢黄油稍微变软，但这需要格外小心，确保酱汁不会在制作过程中破裂。熔化的或流的黄油很少能做成好的酱汁。

黄油要一次加一点。搅打布兰克酱汁时，可以用叉子，也可以用打蛋器，让平底锅不停地转动。这个类似黄油最后在酱汁上收尾的动作。

（四）储存

布兰克酱汁做好后，要保持在70℃左右的温度。在许多操作中，布兰克酱汁被认为是一种即食酱汁，这意味着它通常不会长时间保存。如果想要大量地准备和保存它，使用与荷兰汁相同的保存方法。

三、拯救失败的布兰克酱汁

如果酱汁看起来正在分离，黄油变得油腻而不是奶油，那就说明太热了。马上把锅从火上移开，放在冷的表面上。继续加入冰黄油，每次加少许，直到混合物恢复正常的外观。然后，继续用小火将剩下的黄油混合。如果黄油需要很长时间才能融入酱汁中，就需要把火稍微调大。如果酱汁破碎了，可以通过加入少许浓缩奶油或冷冻黄油来拯救它。

第十节　Vin布兰克酱汁

Vin布兰克酱汁常常会引起很大的混乱。事实上，它是少数几种能做到有三种截然不同的制作方法的酱料之一。因为这三种方法都依赖于已经描述了的其他酱汁技术，特别是荷兰汁和布兰克酱汁。我们在必要时参考更详细的解释方法。

现在介绍一下三种Vin布兰克酱汁的制作方法。

制作Vin布兰克酱方法一：

准备一种含有葡萄酒的水煮液体（通常用于与这种酱汁一起食用的鱼），然后用荷兰汁作基础，蛋黄液加热搅拌至浓缩，将熔化或澄清的黄油逐渐搅拌到蛋黄液中。

制作Vin布兰克酱方法二：

浓缩水煮液（如方法一所述），同时浓缩相同数量的奶油鱼汁。然后加入蛋黄，煮至酱汁稍微变稠。将切成丁的冷冻黄油加入酱汁中，方法与制作布兰克酱汁相同。

制作Vin布兰克酱方法三：

荷兰汁是按照通常的方法准备的，将用于准备鱼的浓缩液加入荷兰汁中，然后将酱汁过滤。

第十一节　调味黄油

调味黄油可以用于制作烤肉、鱼、家禽的酱汁。黄油可以用多种配料来调味，包括香草、坚果、柑橘皮、大蒜、葱、姜和蔬菜。

调味黄油很容易准备和储存，可以用油纸（或保鲜膜）包好保存。调味黄油也可以被冷冻以延长储存时间。

调味黄油除了作为烧烤食物的“酱料”，也可以用来给谷物（如意大利面）调味，或作为其他调味汁的配料。在上菜之前，可以把煮熟或蒸熟的蔬菜拌上黄油。

第十二节　制作酱汁的常识和经验

非常薄的肉块通常是高温下烹饪。煮熟的大块肉（比如小牛肉、鸡肉和猪肉）可能需要稍微低些的温度。另一种选择是放入烤箱（或用炒锅、烤盘或平底锅）完成。

确定所烹饪食品的熟度需要经验丰富。将牛排在6~7分钟内烤至半熟，这样的说法过于简单，忽略了一些关键的因素：锅的热度、锅的材质、牛排的数量以及牛是在什么条件下被饲养等，都对牛排的实际烹饪时间有影响。一般来说，越薄、越湿润、越精致的食物烤制的时间越短。

制作菜肴需要准备酱汁时，把食物从锅里取出后，加入适当的酱汁或装饰配料，要立即放置在加热的盘子上。

一般来说，食物不会像烘烤过的食物那样能保持热量。但是，当食物从锅里取出时，食物仍有余热，还在处于制熟的过程。烹饪时一定要留一些余量，这样，食物在装盘的时候不会熟过头。

在锅中制作酱汁的基本技术：

第一，要除去原料中多余的脂肪或油。

第二，适当加入需要烹饪的香料或装饰品，如大蒜、京葱、蘑菇、姜等。

第三，要去除锅上的油沫，使锅中水分适当蒸发，使酱汁浓缩。这一步可以使用葡萄酒、白兰地、水或肉汤。无论加入什么液体，都应该浓缩一下。这意味着葡萄酒的香味能保存到最后，使味道在最好的时候充分体现出来。

第四，加入适量基础酱汁（如牛骨汁等）。其他配料可与基础酱汁一起添加，视情况而定。

第五，加入装饰材料，如奶油、蔬菜或香草。葡萄酒是最后添加的。

在很多情况下，厨师会选择把主料（比如鸡胸肉或小牛肉、扇贝）放回酱汁中，再轻轻地加热酱汁，使酱汁很好地将主料包裹住。可以用勺子将酱汁直接舀到盘子上，然后把主食放在酱汁上，或者也可以将酱汁浇在食物上。一定要用热水洗净并拧干的布仔细擦去盘子上的污点或水渍。

第五章
基础烹饪技术

第一节　炒

炒鸡蛋、煎蛋卷和煸炒，在操作上与炒菜技术非常相似。它们需要较大的火力、相对较少的烹饪油脂，而且很快就能做好。炒制时原料和用具的选择也是非常重要的。

什么是煎蛋卷？简单地说，这是一种特殊类型的炒鸡蛋，包裹一层凝结的鸡蛋。炒鸡蛋和煎蛋卷是通过搅打鸡蛋，使蛋黄和蛋白均匀混合而制成的。然后用文火，让平底锅和鸡蛋不断地运动，直到鸡蛋开始变软变稠。

炒鸡蛋的三个阶段：

第一，将搅好的鸡蛋放入中火预热的平底锅中。

第二，要保持鸡蛋不断地运动，这样就会慢慢形成软凝块。

第三，鸡蛋已经炒好。

经典的奄列蛋卷制作方法：

第一，当鸡蛋搅拌到柔和状态时，停止搅拌，让搅拌的液体进入液体中。将蛋煎好后，通过敲击锅的把手将鸡蛋震向锅的前端。

第二，将蛋卷从锅中滚卷出来，放到加热的盘子上。

第三，在煎蛋卷上轻轻涂上黄油，以增加光泽。

煸炒通常与亚洲烹饪风格联系在一起，并成功地借鉴西方烹饪，煸炒和炒有许多相似之处。炒锅是传统的炒菜工具，是专门为这种烹饪技术而构造的，把热量集中在锅底。平底锅可以同时煮多种食物，且不会煮过头。

第二节　水　煮

一、水煮所需的用具

水煮时所需的用具有：大小合适的锅、勺子（或撇渣器）、食物保温容器（可选）、切肉板、切片机（可选）、即视读数温度计。

用于水煮的锅很重要。选用时，要注意锅的大小和形状，要有足够的空间能盛下食物、液体和香料，要让液体在受热膨胀时也应该有足够的空间。锅中的架子或三脚架是用来防止食物在烹饪时粘在锅底。如果可以的话，可以使用设计好的水煮容器。

即视读数温度计是水煮时必要的工具。它既可以用来测量食材的热度，也可以用来监测烹饪液的温度。在完美的水煮温度和缓慢煮沸的温度下，很难看到液体之间的区别。然而，食物质量的差异可能是非常显著的。

二、水煮的方法

（一）将要煮的食物和液体混合，调到合适的烹饪温度

有些食物一开始可以放在凉水里，另一些则被放入已经达到水煮温度的水中。水煮的温度是根据物品本身的需要和烹饪时间来选择的。例如，鸡蛋应该在70℃~75℃的温度范围内开始。像梨这样的水果，允许加入煮液，同时升温确保其均匀、充分地烧煮。

水煮时，要确保食材完全浸没在液体中，这对水煮家禽时尤其重要。如果食物有一部分超过了煮液的表面，食材蒸煮会不均匀，成品的颜色或质地也会不同。

（二）在整个水煮过程中，要保持理想的烹饪速度

水煮时，不要让煮液沸腾，温度要定时检查（必要时，需要调整温度和热量）。在盖上锅盖煮鱼时，必须定时监控烹饪的速度。因为盖上盖后，锅内产生的压力会使液体的温度升高。要把锅盖适当打开一点儿，可防止沸腾。

有时人们希望将水煮食材直接加热到合适的烹饪温度，这可以在烤箱里完成，直觉会告诉你哪些东西可以放进烤箱，哪些应该放在炉子上完成。比如，从炉子上举起一大锅的热液体放进烤箱，既困难又危险。

在整个烹饪过程中，如有必要，可撇去液体表面的浮物。这将有助于保持菜肴诱人的颜色以及防止肉汤变浊。

（三）煮好的食材放到容器中，加入煮液湿润

水煮的食物应该煮到食物凝固，达到一个安全的内部温度。从锅中捞出煮好的食材放到容器中，加入煮液进行湿润，以防止准备酱汁时变干。

如果水煮或文火煨制的食物要置冷，可取的方法是将食材略煮至未熟透时，将锅从火上移开，让食物在锅里随着液体慢慢冷却。

水波蛋的制作方法：

第一，将鸡蛋放入热水中。

第二，停止水煮，待用。

第三，重新加热，吸干鸡蛋多余的水分。

第六章
西餐配料表

第一节 蔬 菜

一、调味蔬菜（蔬菜三宝）

出品量：1 磅（约 454 克）		
洋葱，切碎	8 盎司	约 225 克
胡萝卜，切碎	4 盎司	约 115 克
西芹，切碎	4 盎司	约 115 克

制作调味蔬菜的方法如下：

第一，根据菜的烹饪时间，将蔬菜切成合适的大小。

第二，按照要求将调味蔬菜添加到配方中。

配料应切成合适的大小，这决定菜肴的整个烹饪时间。

二、白色调味蔬菜

出品量：1 磅（约 454 克）		
洋葱，切碎	4 盎司	约 115 克
京葱，切碎	4 盎司	约 115 克
西芹，切碎	4 盎司	约 115 克
防风根，切碎	4 盎司	约 115 克
蘑菇边角料（可选）	2~3 盎司	60~85 克

制作白色调味蔬菜的方法如下：

第一，根据菜的烹饪时间，将蔬菜切成合适的大小。

第二，按照指示将白色调味蔬菜添加到配方中。

白色的调味蔬菜可用于白色（或浅色）的高汤、酱汁、炖菜和炖锅。

三、马提翁蔬菜

出品量：1 磅（约 454 克）		
洋葱，小粒	4 盎司	约 115 克
胡萝卜，小粒	4 盎司	约 115 克
西芹，小粒	4 盎司	约 115 克
蘑菇，小粒	2 盎司	约 115 克
熏肉或火腿，小丁或切碎	2 盎司	约 60 克
黄油	1 盎司	约 30 克

制作马提翁蔬菜的方法如下：

第一，将所有蔬菜和熏肉或火腿切成整齐的小方块后混合。

第二，用黄油将切好的食材炒香（或按照特定食谱使用）。

马提翁蔬菜通常用于烩蔬菜。

四、杜塞尔香草蘑菇

出品量：1磅（约454克）		
澄清黄油	3盎司	约85克
干葱头末	2盎司	约60克
蘑菇，剁细	1磅	约454克
欧芹，切碎	一汤匙	一汤匙
盐	半茶匙	半茶匙
胡椒	1 / 4茶匙	1 / 4茶匙

制作杜塞尔香草蘑菇的方法如下：

第一，用小的平底锅加热黄油。

第二，加入干葱头，炒至脱水并出香味。

第三，将蘑菇放入锅中，炒蘑菇至金黄变干。

第四，加入欧芹，再加入盐和胡椒调味。

人们认为，杜塞尔之所以如此命名，是因为它们是大厨在为杜塞尔侯爵做家务时发明的。

变通产品：

1. 杜塞尔酱：加入足够的牛骨汁和去皮番茄，做成酱汁，食用前加入切碎的欧芹。

2. 用野生蘑菇代替蘑菇进行特殊配制。

3. 也可以加入干面包屑和一点番茄酱做蔬菜馅。

第二节　面　糊

一、基础黄油面糊

出品量：2 磅（约 908 克）		
澄清黄油或油	1 磅	约 454 克
面粉	1 磅	约 454 克

制作基础黄油面糊的方法如下：

第一，用中火加热澄清的黄油或油。

第二，一次把面粉全部加进去。不断地搅拌，用小火煮制，直到煮至面糊变成象牙色，大约煮 8 分钟。

把面粉全部加到热黄油或油中。

棕色和黑色面糊广泛用于阿卡迪亚（克里奥尔）烹饪的秋葵汤、炖菜和肉汁的。

二、白面粉糊

一定要用油来保持面糊的颜色，按照前面的要求来烹饪。

三、奶油咖啡色面粉糊

将白面粉糊再煮制 2~3 分钟，直到煮成金黄色。

四、棕色面粉糊

将白面粉糊继续煮制，直到煮成棕色并有明显的坚果香味。

第三节　汤

一、白色牛肉汤

出品量：1 加仑（约 3.75 升）		
牛骨，切成 3 英寸长	8 磅	约 3.6 千克
冷水	6 夸脱	约 5.7 升
调味蔬菜	1 磅	约 454 克
香料包	1 份	1 份
盐（可选）	调味	调味

煮牛肉汤时添加小牛腱或牛骨，可以使汤更浓稠。这种汤是制作蔬菜汤或豆汤的最好选择。白色牛肉汤的制作方法如下：

第一，把骨头焯水，再冲洗沥水。

第二，把骨头和水混合后用小火煮制。

第三，撇去表面浮物。

第四，用文火把汤炖制8小时。如有必要，再加水。

第五，汤炖至最后1小时，加入香料包和盐（如果需要）。

第六，汤做好后过滤、冷却、储存。

二、鸡汤

出品量：1加仑（约3.75升）		
鸡骨，切成3英寸长	8磅	约3.6千克
冷水	6夸脱	约5.7升
调味蔬菜	1磅	约454克
香料包	1份	1份
盐（可选）	调味	调味

如图，吊好的鸡高汤（最后用母鸡来吊汤）。

鸡汤的制作方法如下：

第一，把鸡骨头焯水，再冲洗沥水。

第二，把骨头和水混合后用小火煮制。

第三，撇去表面浮物。

第四，用文火把汤炖制4~5个小时。

第五，汤炖至最后1小时，加入香料包和盐（如果需要）。

第六，汤做好后过滤、冷却、储存。

变通产品：

1. 棕色鸡汤：洗净鸡骨头，晾干。把骨头放在烤箱里烤至棕色。将它们与水混合，用小火煮沸，炖制4小时左右。将调味蔬菜和4盎司（115克）番茄酱放入烤盘烤至棕色，加到高汤里，再炖1小时。

2. 亚洲风味鸡汤：吊鸡汤时加入姜根、柠檬草、葱、新鲜（或干）辣椒。

3. 火鸡高汤：用火鸡骨代替鸡骨，按照上面方法吊汤。

三、鱼浓汤

出品量：1 加仑（约 3.75 升）		
油	4 液盎司	约 115 毫升
鱼骨	11 磅	约 5 千克
白色调味蔬菜	1 磅	约 454 克
蘑菇边角料	10 盎司	约 284 克
冷水	1 加仑	约 3.75 升
白葡萄酒	1 夸脱	约 1 升
新鲜香料束	1 份	1 份
盐（可选）	调味	调味

鱼浓汤的制作方法如下：

第一，起锅热油，加入鱼骨和蔬菜。

第二，炒至骨头和蔬菜出水收干，加入蘑菇边角料。

第三，加入水、酒和香草，进行炖制，必要时撇去表面浮物。

第四，鱼汤炖制35~40分钟时，加入香料包和盐（如果需要）。

第五，汤做好后过滤、冷却、储存。

变通产品：

也可以用贝类壳、虾、蟹或龙虾壳来代替鱼骨。

四、鱼汤

出品量：1 加仑（约 3.75 升）		
鱼骨、边角料	11 磅	约 5 千克
冷水	5 夸脱	约 4.75 升
白色蔬菜调料	1 磅	约 454 克
香料包	1 份	1 份
蘑菇边角料（可选）	10 盎司	约 284 克
盐（可选）	调味	调味

当菜肴要求汤的清晰度很重要时（如清汤等），就要准备这种高汤。吊汤所用的鱼骨一定要新鲜，并将鱼的内脏、血液都清除干净。

鱼汤的制作方法如下：

第一，将所有食材混合，用小火慢炖，必要时撇去表面浮物。

第二，将食材炖制30~40分钟，如果需要的话可以加盐。

第三，汤做好后过滤、冷却、储存。

变通产品：

贝类高汤。将11磅（5公斤）的虾、蟹或龙虾壳炒至鲜红色。加入所有剩下的材料（省略鱼骨），然后继续制作。

五、蔬菜汤

出品量：1加仑（约3.75升）		
植物油	2液盎司	约60毫升
洋葱片	4盎司	约115克
京葱（绿白相间），切碎	4盎司	约115克
西芹切碎	2盎司	约60克
卷心菜切碎	2盎司	约60克
胡萝卜切碎	2盎司	约60克
防风根切碎	2盎司	约60克
番茄切碎	2盎司	约60克
蒜瓣压碎	3瓣	3瓣
冷水	4.5夸脱	约4.25升
香料包	1份	1份
茴香籽	1茶匙	1茶匙
整粒丁香	3粒	3粒

这种汤可以用在任何需要高汤的食谱中，特别是无肉的菜肴。

蔬菜汤的制作方法如下：

第一，起锅热油，加入蔬菜，炒制3~5分钟，收干水分。

第二，加入水和香包，炖制30~40分钟。

第三，汤做好后过滤、冷却、储存。

变通产品：

烤蔬菜高汤：在一个大锅里烤制蔬菜，翻个面，确保每一面都烤得均匀。把它们和水混合，用小火煮制30~40分钟。如果需要的话，新鲜或干辣椒可以和其他蔬菜一起烤。

第七章 参加世界技能大赛心得

第45届世界技能大赛烹饪（西餐）项目选手心理技能训练项目方案书

（北京心奇迹教育科技有限公司 2019年1月）

一、项目背景及意义

（一）世界技能大赛引领的是当今中国职业教育的新灯塔

为了加快建设制造强国，支持传统产业优化升级，加快发展现代服务业，瞄准国际标准提高水平。要建设知识型、技能型、创新型劳动者大军，弘扬劳模精神和工匠精神，营造劳动光荣的社会风尚和精益求精的敬业风气。

世界技能大赛代表着各技能领域的世界级标准，其宗旨是：通过成员之间的交流合作，促进青年人和培训师职业技能水平的提升；通过举办世界技能大赛，在世界范围内宣传技能对经济社会发展的贡献，鼓励青年投身技能事业！

（二）强大过硬的心理素质，是精英选手在世界争金夺银的必要条件

人力资源和社会保障部职业能力建设司原司长张立新提出：“竞赛心理训练对于参赛选手取得好成绩非常重要！”1984年的奥林匹克科学大会会议论文指出，“对于优秀运动员的影响，心理因素占 80%，生物力学因素仅占 20%”。世界技能大赛象征着国际技能和技术培训的顶峰，对参赛选手的心理素质要求更高，在竞赛备赛的整个过程中，系统有序开展心理技能训练是非常必要和重要的。心理技能训练（Mental Skills Training，MST）始于 20 世纪 50 年代苏联的载人航天计划，是指心理训练师通过心理学手段对参赛选手有意识、有目的地施加影响，以提高其竞赛水平、增进其身心健康的实训活动。国内及各国世界技能大赛选手均有安排合理的心理训练。高手对决，胜在心理！

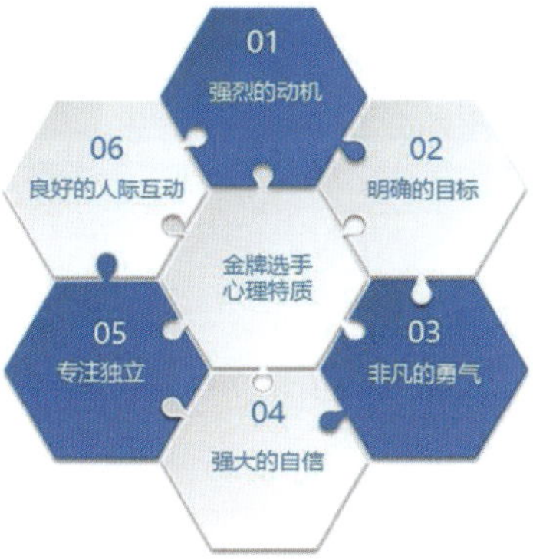

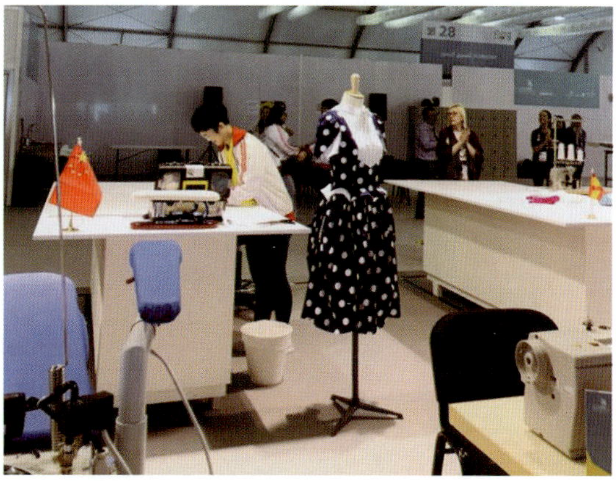

北京心奇迹教育科技有限公司（以下简称心奇迹）是专注服务中国各世界技能大赛国家基地以及国家队选手，为第43届、第44届、第45届世界技能大赛众多项目的国家队选手教练提供训练体系建设及竞赛思维和竞赛心理训练，支持陪伴选手在国际赛场争金夺银，获得各界领导专家好评。2017年10月第44届世界技能大赛，心奇迹心理专家亲自前赴阿布扎比辅导选手，参与辅导的各

项目均获得突破性好成绩！时装技术（金牌）、数控铣（金牌）、数控车（银牌）、移动机器人（铜牌）。

根据往届经验，我们发现：国家集训队内的训练以及世界技能大赛前的冲刺是选手进一步突破和提升的非常重要和关键的时期。北京心奇迹教育融合国际先进技能教育理念并结合我们在第43届世界技能大赛、第44届世界技能大赛选手竞赛心理技能训练所辅导的选手夺金的过程中，总结提炼出来一套金牌选手竞赛心理技能培养体系。分别从影响选手比赛状态和成绩的八大因素出发，有针对性地培养选手竞赛思维和竞赛心理技能，使其稳定、专注、自信地完成艰苦卓绝的训练和比赛过程，在国家集训队训练中快速成长，代表中国参加第45届世界技能大赛，获得奇迹般的成长和跨越！

二、项目名称、目的及概况

（一）项目名称及目的

第45届世界技能大赛烹饪（西餐）项目选手心理技能训练项目的合作目的如下。

世界技能大赛烹饪（西餐）项目国家集训队，在专家领导的大力支持下，精英会聚，人才辈出，积极参与世界技能大赛，选派的曲笛同学在第44届世界技能大赛中获得优胜奖的好成绩。也寄希望于第45届世界技能大赛中能够百尺竿头更进一步，为国家选拔出更加优秀的正选选手代表中国出征喀山争金夺银，为国争光！

因为世界技能大赛是在特定环境下的国家大型比赛，有其特点、任务、对手、环境和方法。就心理角度而言，由于外界刺激的增强，而导致较强的心理压力，并通过选手在赛场的比赛行为表现出来，如畏惧心理、过分紧张心理、竞赛动机不端正、目的不明确、信心不足，甚至还有性格孤僻或情绪暴躁等现象。因此，调节和控制心理活动，克服心理障碍，实施心理训练成为基地选手和教练必须关注和必须解决的问题。

北京心奇迹教育科技有限公司结合在第43届和第44届世界技能大赛选手心理训练中积累的研究成果和实践经验，应用国际先进积极心理学技术，从选手的比赛动机、目标、自信心、竞赛心流体验、情绪压力调整等角度，协助选手拥有专注、自信、放松的心理状态迎接比赛，赢取好成绩！同时进一步探索世界技能大赛选手心理训练与各个项目的专业技能训练结合的一体化训练模式，进一步为我国培养优秀的职业技术专业人才探索一条新型道路！

（二）项目概况

《开启夺冠之旅｜心奇迹金牌八式心理技能训练体系》是针对世界技能大赛精英班选手的心理技能和综合素质训练体系。主要包含八大训练模块：心理测评、激发动机、锚定目标、强化自信、管理情绪压力、独立思考、幸福人际关系、工匠精神。1万小时天才定律，全方位开展、全过程跟踪、陪伴式辅导，为选手在国家集训队训练过程中快速成长提高，在世界技能大赛赛场上为国争光提供有力保障！

1. 设计选手的心理素质训练体系

结合前期经验，制订以提升选手竞赛心理技能为核心目标的心理训练计划。

（1）了解重点选手的心理状态。

（2）结合选手情况和需要，给出本阶段的心理训练计划。

（3）根据与基地、专家、教练组沟通及选手实况，滚动调整训练计划。

2. 定期进行选手心理状态监控

全面了解选手心理状态的动态变化对选手进行竞赛心理素质测评及报告解读。

（1）用专业定制化测评工具，两周一次对选手竞赛心理素质进行测评。

（2）通过小组、一对一等训练方式，与选手充分沟通。

（3）给出选手竞赛心理素质报告，并向相关专家教练做报告解读。

3. 按时对选手进行心理训练

（1）训练内容：基于第43届世界技能大赛、第44届世界技能大赛十几个项目沉淀积累的世界技能大赛选手心理素质摩天轮模型，开展形式多样的心理训练。

（2）训练形式：重点选手一对一训练。

（3）覆盖范围：以选手为核心，并包含周围可以影响到选手的教练等人。

（4）时间频率：两周一次（具体工作安排与基地负责人教练紧密沟通协作）。

4. 定期总结及及时汇报

给出选手竞赛心理素质及竞赛思维能力报告，向基地领导、教练做汇报解读，与基地领导教练联合解决选手遇到的问题和需求。

（三）参加喀山第45届世界技能大赛概况

1. 喀山世界技能大赛现场跟赛及辅导，陪伴支持选手进行比赛

（1）根据选手需要，安排赛前强化训练，观察选手比赛状态，实时关注跟进。

（2）如遇到选手临场特殊情况，心情紧张、睡眠质量不佳、身心状态不好等类似状态，则第一时间提供相应安抚和缓解的心理辅导，帮助选手快速恢复，积极应对比赛。

2. 回国后复盘总结会，结合往届世界技能大赛经验，完善世界技能大赛精英班选手选拔、培养体系

从喀山回国后，总结第45届世界技能大赛国家集训队训练、比赛经验，完善符合项目特点的精英班选手选拔、培养体系，将竞赛心理训练提前融入选手选拔和日常训练，并以长周期有针对性训练，为第46届世界技能大赛提供保障。

三、项目执行时间及计划

项目执行时间：2019 年 1 月—8 月 31 日

全程、深度、系统、科学、陪伴式训练体系。激发潜能，发挥实力，冲进国家队，冲向世界舞台										
模 块			2019.1	2019.2	2019.3	2019.4	2019.5	2019.6	2019.7	2019.8
一	选手竞赛心理技能训练	心理测评、状态监测	☺	☺	☺	☺	☺	☺	☺	☺
二	喀山世界技能大赛跟赛保障	激发动机、锚定目标	☺	☺	☺	☺	☺	☺	☺	☺
		强化自信、管理情绪压力	☺	☺	☺	☺	☺	☺	☺	☺
		幸福人际关系、团队凝聚	☺	☺	☺	☺	☺	☺	☺	☺
		一起出征喀山，全程保障支持正选选手摘金夺银							☺	☺
三	赛后总结	总结复盘，优化训练体系，为冲刺第 46 届世界技能大赛做好全面准备								

四、成果归纳和项目交付物

（一）选手竞赛心理素质测评报告

（二）训练过程的记录（照片、重要训练的文字总结）

（三）训练完成与相关领导、教练交流汇报解读选手状况

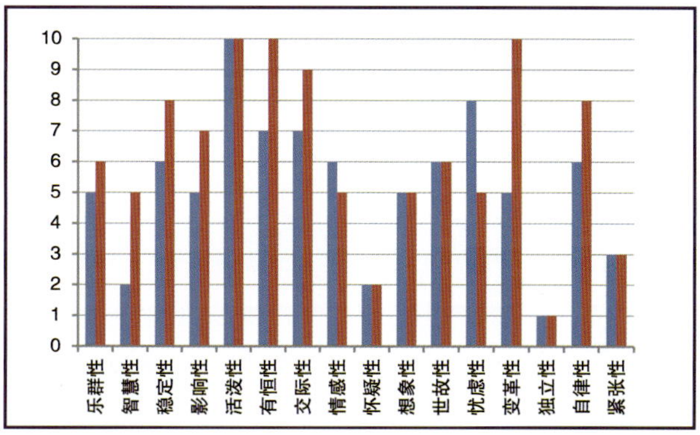
10
9
8
7
6
5
4
3
2
1
0
乐群性
智慧性
稳定性
影响性
活泼性
有恒性
交际性
情感性
怀疑性
想象性
世故性
忧虑性
变革性
独立性
自律性
紧张性

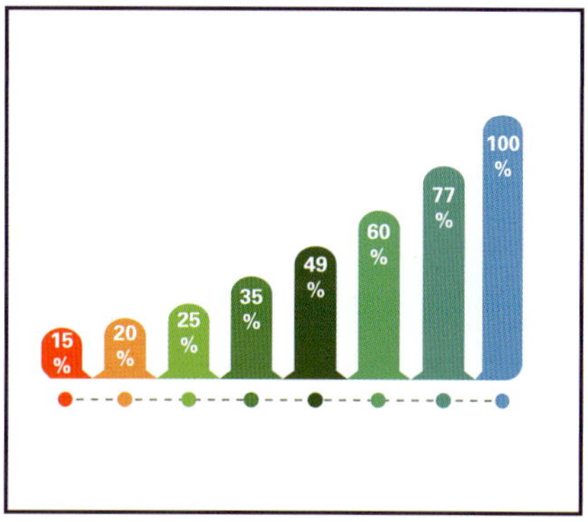
15%
20%
25%
35%
49%
60%
77%
100%

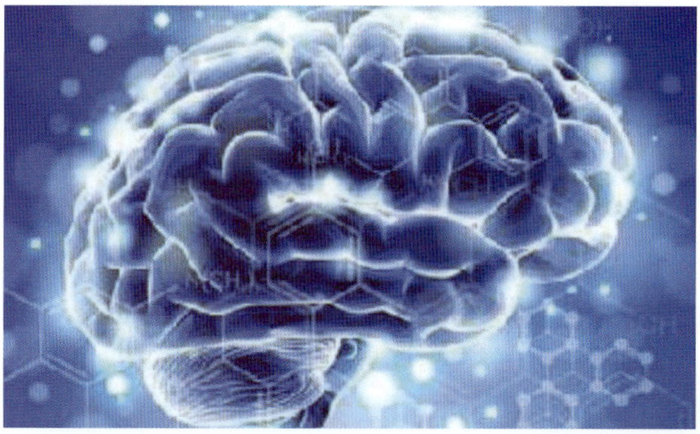

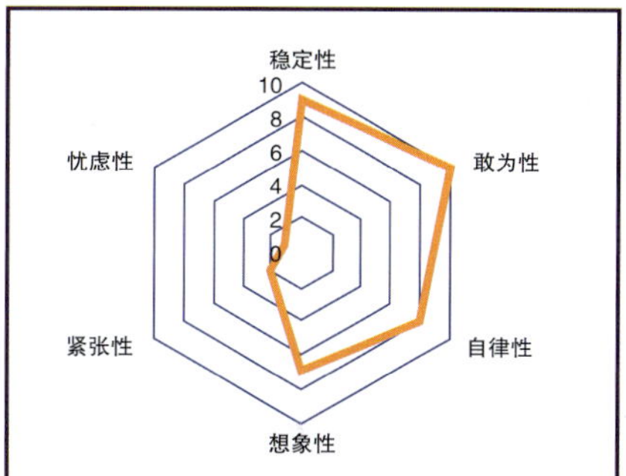
稳定性
10
8
6
4
2
0
敢为性
自律性
想象性
紧张性
忧虑性

选手心理素质雷达图

职神之战

第45届世界技能大赛烹饪（西餐）项目
选手蔺永康心理技能训练工作总结

（2019年1月—8月31日）

北京心奇迹教育科技有限公司

2019年1—8月

一、选手个人档案

第 45 届世界技能大赛烹饪（西餐）项目选手个人资料 （填表时间：2019.1.25）			
姓名	蔺永康	梦想	专业的西餐厨师，酷帅有气质
榜样	世界顶级大厨保罗博古斯	爱好	烹饪、表演
1. 对自己的专业项目感兴趣吗？为什么？		从小就非常感兴趣。特别喜欢做吃的，带着一帮孩子在家里一起做饭，人缘一直很好	
2. 为什么参加世界技能大赛？		国际平台，家族荣誉	
3. 当下的目标是什么？		五进一	
4. 达到目标的自信心？ （0~10 分评价一下）		◆ 5 分 。因为现在是五进一的第二轮，自己还没有展示真正的水平。自信源：①精益求精认真细腻。②做菜本身还可以，不比别人差。③审美和创造能力 ◆再提高 1 分，需要提高实操能力	

竞赛心理素质监测：

第 45 届世界技能大赛丨蔺永康心理状态（训练疲劳度）				
	日期	训练的负性评价	成就感降低	情绪和身体疲备
第一次	2019.1.13	0	0	3
第二次	2019.1.24	−4	−1	4

说明：此问卷用于长期深入地了解选手当下的疲劳状态。包含三个维度：①选手当前对比赛的看法和积极性。②选手最近的训练成就和收获。③选手最近的情绪和睡眠质量。分值在 −7 到 13 分之间。**分数越低，个人状态越好。**通过数据及对话，了解到选手整体情况良好，**最近睡眠质量不足。**

二、心理素质测评报告

（一）多元智能测评（2019年1月13日）

此测评表的标准分是 5 分，从整体成绩看蔺永康同学在自然观察智能中有较为突出的优势，善于识别周围环境及其变化，在比赛过程中能够拥有较强的适应性，内省智能也很突出，每次训练和比赛后的成长都会非常迅速，会成为一个优秀的竞赛型选手。

蔺永康多元智能（2019.1.13）

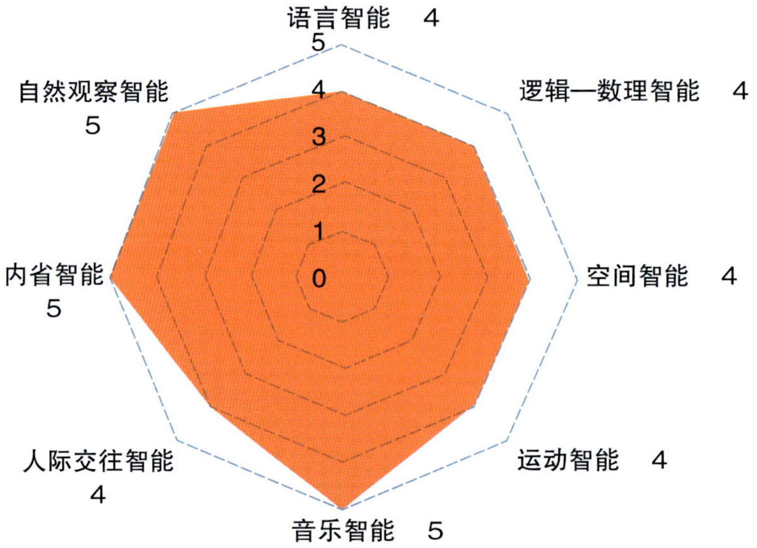

（二）竞赛潜力调查（2019年1月24日）

此调研表的标准分是 5 分，从调研的整体成绩看，蔺永康同学在竞争状态中能够有较为出色的发挥，是优秀的竞赛型选手，热爱特质相对稳定，人际沟通与团队合作的潜质可以让该同学在学习过程中能够有效快速地成长。

蔺永康竞赛潜力测评（2019.1.24）

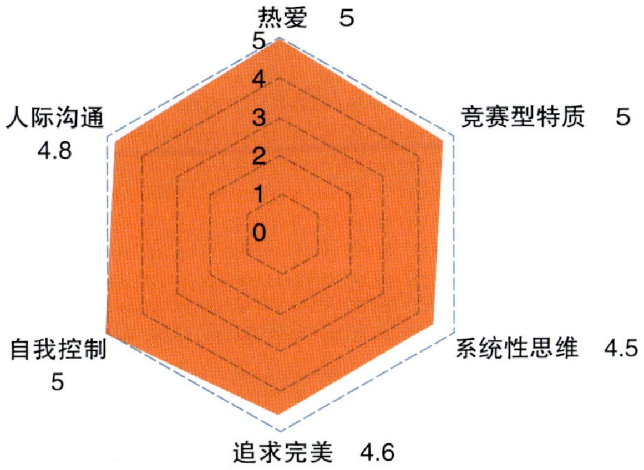

三、训练过程部分记录及照片

	时 间	地 点	选手困扰	辅导后总结
第1次	2019年1月13日	北京基地	**主题：睡眠问题及解决** 目前存在的问题是——自比赛以来，因为存在压力，睡眠质量不足，睡眠不踏实，虽不至于影响目前日常训练和比赛，但是值得重视，保证充足的睡眠，才能有更加饱满的状态和注意力，发挥潜能，赢得更好的成绩	**处理及解决策略** a. 总结比赛历程，提取闪光经验。b. 面临的压力和焦虑状态处理，催眠放松减压及积极心理状态的强化训练 目前评估：整体状态稳定，后期两周一次心理测评及辅导，继续跟进
第2次	2019年1月24日	长春基地	选手在训练或比赛遇到进展不顺时会有焦躁的情绪，进而影响选手的判断和发挥，这是当下主要的负向情绪，通过进一步挖掘情绪背后的诱发因素，做到初步的觉察，并通过接受和审视当下的状态调整自己的情绪	选手反馈非常感谢芯姐解决我一个非常头疼的问题，相信经过长期的练习，我一定能够在赛场上有更稳定的发挥

续表

	时间	地点	选手困扰	辅导后总结
第4次	2019年2月20日	重庆基地	**主题：情绪和压力管理** 随着比赛日期的日益临近，选手的压力也随之增大，通过心理建设的沟通，让选手的注意力聚焦于如何提升比赛过程的能力点，如何缩短当下和目标的差距，如何以最好的状态进入比赛，帮助选手树立正向积极的信念	比赛时间管理问题的分析与应对，本次赛后自我总结反思
第6次	2019年3月5日	上海竞技赛前	**主题：赛前身心放松** 赛前状态良好，稍微有点疲倦，所以需要进行一些身心压力放松训练，以及赛前的强化训练	这次活动释放了前段时间的压力和疲惫，对如何专注地实现目标有了更加明确的目标
第9次	2019年4月13日	北京基地	**主题：掌握最佳竞赛状态** 在赛前进行了一次深度交流，了解选手对即将面对的比赛认知，当下的情绪状态，通过对认知梳理和情绪调节，帮助选手调动自身的状态激发，呈现比较好的竞赛状态	帮助选手正确认知训练和比赛，在马拉松式的训练生活中，保持良好的心态和状态
第11次	2019年5月20日	北京基地	本次训练进行的职神之战的游戏模拟训练，通过职神之战，让选手模拟世界技能大赛比赛全过程，体验经过努力最终取得金牌或奖品的喜悦和荣耀之感	选手反馈这样的教学过程非常有趣，也为自己相对平淡的训练生活带来很多乐趣，并且深切地体会到拿到奖牌的兴奋和快乐
第13次	2019年6月20日	线上视频	分享以往选手的成功经验及关键要素。了解选手最近的状态稍微有点疲惫	对于整体的时间管理做了新的规划。更好地安排自己训练和休息的节奏

续表

	时 间	地 点	选手困扰	辅导后总结
第16次	2019年7月30日	线上视频	赛前强化训练：在赛场比赛前引导选手在心里预演比赛过程中的流程和可能面对的各种问题，通过赛场真实场景的心理模拟来调动选手的比赛状态，同时选手在模拟情境中强化了比赛的心理适应性，在真实比赛中有了稳定的发挥	心理预演帮我舒缓了比赛的压力，在真实的比赛中状态比较稳定 送给自己一句话： 相信自己！我已经完全准备好了
第18次	2019年8月19日	喀山赛场	现场保障	选手状态稳定、专注且自信

四、工作期间的照片

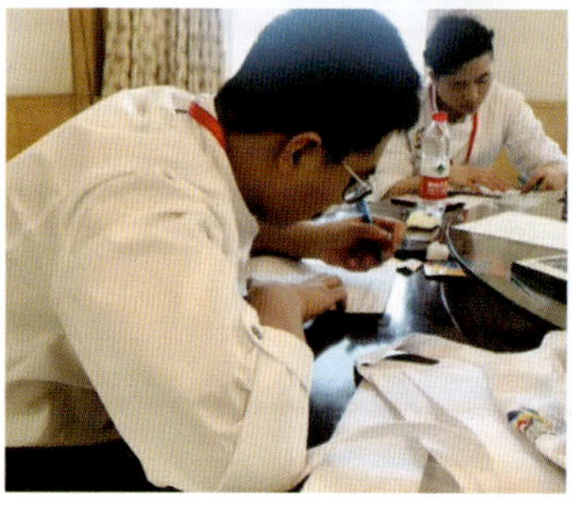

五、写给选手的信件等资料

写给永康的一封信

亲爱的永康：

晚上好！

想着你这两天很忙，所以今天晚上下班后，同事们都走了，我安静下来给你写这封小信。

还记得第一次见面，你很独特、积极、热情，独具艺术天分。还记得你说起自己的未来，那个酷酷的帅帅的超级有气质的你，我深深相信你可以成为这样的自己。祝愿你梦想成真！

你是热爱你的专业领域的。

你一直在培养你自己，通过每一次机会。

你专注、细致、精准。

——这些都是我非常非常欣赏的。

所以芯姐祝愿你，明天的比赛，瞄准靶心，聚焦全部的能量。

一切都好！

下面是我最近看到的一个小视频《余生很长，莫要慌张》，分享给你。

有的人 21 岁毕业，到 27 岁才找到工作；

有的人 25 岁才毕业，却马上找到了工作；

有的人虽然没有上过大学，却在 18 岁就找到了热爱的事；

有的人一毕业就找到了好工作，赚了很多钱，却过得不开心；

有的人选择空当期去寻找自我；

有的人在 16 岁就清楚知道自己要什么，但在 26 岁时改变了想法；

有的人有了孩子，却还是独身；

有的人结婚了，却等了 8 ~ 10 年才生孩子；

有的人身处一段感情，爱的却是别人；

有的人明明彼此相爱，却没有在一起。

所以，人生中的每一件事都取决于我们自己的时间。

你身边有些朋友也许遥遥领先于你，

有些朋友也许落后于你，

但凡事都有它自己的节奏。

他们有他们的节奏，你有你自己的。

耐心一点。

库班25岁时，还在酒吧做酒保；

在被拒12次后，JK罗琳到32岁才出版了《哈利波特》；

Amancio ortega到了39岁才创办了Zara；

摩根弗里曼到了52岁才迎来了他演绎事业的大爆发；

Steve Carell 40岁才红；

Richard Branson 34岁才创办维珍航空。

25岁后才拿到文凭依然值得骄傲；

30岁没有结婚但过得快乐也是一种成功和美好；

35岁之后成家也完全可以；

40岁买房也没什么丢脸的。

不要让任何人打乱你的时间表。

爱因斯坦说，并不是每一件算得出来的事，都有意义；也不是每一件有意义的事，都能够被算出来；

这才是最重要的事；

希望你可以创造属于自己的充满意义的人生；

学会用这些去影响和点亮他人的生活；

这才是真正的成功！

芯 姐

2019年2月15日

齐芯 | 致亲爱的选手：7 条黄金法则

亲爱的永康：

你好！

从中国来到俄罗斯已有三四天时间，这几天你过得好吗？

写信的这一刻，是俄罗斯时间 8 月 20 日晚上 11:30，也许此刻你已经进入梦乡，酣然入睡。我也已身处喀山，接下来的一周，我都在赛场全程陪伴着你。此刻我在一座温馨的小屋里，在一盏暖黄的灯下，为你写下这封信。

最初是想写给我一直以来陪伴和辅导的诸位中国队选手，写完后我还蛮想分享给其他或长或短接触过的小选手。如能支持到你，那我将倍感荣幸。

以下是我过去五年时间在国家队做选手心理工作，积累的宝贵经验，分享给你。

– 7 条黄金法则 –

1. 紧张

首先，没有人不紧张。所有情绪反应都是一种信号，紧张在提醒你的身心做好准备。最好的比赛状态是：整个人被充分唤醒，既平静又略微兴奋的状态。而适度紧张会协助你达到这种状态，所以其实紧张是朋友。而人在最佳状态的时候，连你自己都不知道自己能创造出什么奇迹！

2. 压力

如果你不是小紧张，而是压力山大，那可能是你自己或外在给了你多余的负担。负重前行，如何走远？想法影响情绪，情绪影响状态。不要用任何多余的负面的想法去打扰自己，包括外界的呼声和别人的评价（奥运冠军陶璐娜分享自己2000年悉尼奥运会首次夺冠的经历，最后射击前要出来再进去，当时很多省市和国家队领导站在场外。她的选择是——低头不去看，拒绝任何外在干扰；而她也不会自己给自己多余的压力和要求，因为她知道越想有好结果的人，越没有好结果）。

3. 杂念

杂念只会吞噬人的精神和信心，胡思乱想有百害无一利。不浪费任何精力在没用的事情上。费斯汀格法则说：生活的10%由发生在你身上的事情组成，而另外的90%则由你对所发生事情如何反应决定。通常我们只是碰到10%的事，反应过度会让事情的不良影响扩大到100%，而事后我们往往发现，是自己把事情想复杂，害惨了自己。谨记：遇到事情，不要放大。很多时候，消耗了我们很多时间和精力的，其实是大量的内心戏和没必要的焦虑。

4. 他人

每个人来到这里都是为了满足自己的需要，实现自己的目标：专家为了技术的交流和传承、观众为了自己学习和见识各式各样的技能，所以没有人是专门来评论你的。进入角色，完成任务，好好走过，就是尊重整个游戏。我作为场外人，我知道每个人想给你最好的礼物和祝福是——100%的相信。我相信你有全部的潜能和自由去实现自己的梦想。祝福你。

5. 最佳状态

全神贯注、心如止水。沉浸而专注，把全部的注意力放在每一个动作上面。像钻石一样单纯极致，越纯净越有力量。很多全球顶级高手内心都有深深的自卑感，关键时刻，自我评判，功亏一篑。这类惨痛教训数不胜数。很多时候，唯一的拦路虎是你自己。贝多芬曾跟一位年轻的作曲家说：你不要去管乐理，不要用乐理挡住你的音乐之流。不要让你的杂念，困住自己的潜能之流。放下自我评判，相信自己的本能。

6. 睡眠、饮食

轻松而自在。睡眠是身体的事，不由大脑控制。就像困意来临，千军万马都拦不住；所以不困的时候，也不要强求自己一定要赶紧睡着。中午或任何需要的时候，闭着眼睛，深深呼吸，放松眼睛和大脑，就是最好的休息。多吃蔬菜、蛋白、喝温开水。请照顾好自己。

7. 初心

每个人都有公众自我和真实自我。“公众自我”是我的社会角色是什么，我必须怎样达到别人的要求和期待。越关注“公众自我”，你的压力一定会越来越大。“真实自我”是你真正的内在自我、最初的决心与信念，它帮你回到真正的自信与从容。所以，你是否还记得你的初心和热血？到底是什么信念和力量支持你一路走到现在？看到真实的自己，因为真实最有力量。

- 暖心语录 -

这些暖心语录是我在工作过程中积累的有能量的句子，选取一部分分享给你。

关于比赛：大家共同搭建一个平台，让有机会参与的人突破和超越自己内在心性和专业技能的极限。

◎ “冒充者综合征”，就连全球最顶级高手都会不定期小瞧自己，自我打压（扯自己的后腿）。所以，不要小看你自己。你的能量超乎你的想象。

◎ 世事惊涛骇浪，心是定海神针。——王阳明

◎ 有为才有味，有为才有位。

◎ 你若坚持，定会发光。

◎ 火箭一定会达到自己最终的目的地。

◎ 吃饭时吃饭，睡觉时睡觉，醒来时醒来！

◎ 经历是修为，完成即荣耀。

◎ 看淡浮华，放手一搏。

◎ 行，胜于言。

◎ 做自己。

感谢缘分，让我们彼此相遇。一路走来，我看见了你经历的苦和累，还有那些没有人看见、没有人知道的艰难和辛苦，以及你付出的日日夜夜。为了青春、为了梦想，你一次次挥洒自己的汗水和热血，我为你感到无比感动和骄傲！

而这一切都是如此值得。

就像《大鱼海棠》里说的：这短短的一生，我们最终都会失去。你不妨大胆一些，爱一个人，攀一座山，追一个梦。

最后我想说：每座城市都有自己的味道。深呼吸，用心感受这座城市，感谢它迎接我们的到来。未来的一周，让我们一起在这里好好走过，为各自青春留下美好而难忘的点点滴滴。

感谢我们正在一起经历的一切。

深呼吸。

做回你自己。

并献上最真诚的爱与祝福！

齐芯（芯姐）

2019 年 8 月 20 日

喀山郊外的夜晚

第八章
参加世界技能大赛训练

第一节　国家队组建至“十进五”的训练方案

第 45 届世界技能大赛于 2019 年 9 月在俄罗斯喀山举办，中国队选手蔺永康在烹饪（西餐）项目中获得了一枚宝贵的铜牌，这也是中国队在该项目历史上取得的最好成绩。

早在 2018 年 6 月，我国针对第 45 届世界技能大赛，举行了全国选拔赛，其中来自安徽、重庆、北京、吉林、云南、湖北、江苏、湖南、山东（两名）的十位选手在比赛中脱颖而出，成功组建了第 45 届世界技能大赛烹饪（西餐）项目的中国国家队。

按照《第 45 届世界技能大赛参赛集训工作指导意见》，烹饪项目国家队集训分为三个阶段和两种方式。三个阶段即第一阶段集训考核（11 进 5 考核）、第二阶段集训考核（5 进 1 考核）、第三阶段集训（参赛选手和备选选手）。两种方式即选手日常自训和基地强化集训，选手日常自训是指选手在各自的单位按照专家组的任务在各自教练的指导下进行训练。基地强化集训是指在烹饪项目的 5 个基地（北京基地、上海基地、重庆基地、浙江基地、吉林基地）进行集中训练和考核。

国家队 11 进 5 训练方案结合集训项目、选手的特点合理安排，充分体现科学训练的基本原则。按照世界技能大赛技术要求和本项目训练工作方案要求，结合实际安排训练内容。其中，日常训练和基地集训阶段的训练重点将包括以下几方面。

第一，技术技能训练。

按照世界技能大赛本项目技术文件等要求，结合本项目技术技能基本要求，对选手进行全面的技能训练和相应的专业理论知识辅导，促使其达到各阶段技能训练目标。

基地强化训练阶段，应充分吸收世界技能组织公布的最新技术要求内容，对选手进行针对性训练。专家组应会同集训基地创造条件，使选手尽早熟悉比赛设施设备性能。

第二，综合素质训练。

加强思想教育。将爱国主义、集体主义教育和奋斗精神融入集训工作方案，采取切实措施，提高选手思想素质和道德水平。

强化规则意识。应进行竞赛规则、规范培训，将竞赛规则、操作规范、安全健康等融入训练和阶段性考核，使其成为选手工作习惯和必须遵守的要求。

加强心理训练。加强选手心理培训，提供心理咨询、测评和疏导。

加强应变能力训练。在训练过程中，应结合世界技能大赛技术要求，对选手进行各类突发事件应变能力训练，包括设备、设施、环境改变、工具、材料及试题等临时变化，以及其他方面突发情况应变能力的训练。同时，注意加强选手抗压能力及技能水平稳定性的训练。

加强选手自我管理能力训练。专家组应注意发挥选手的主观能动性，倾听并吸收选手意见，共同确定训练目标，研究解决训练中的问题。鼓励选手主动思考，按照集训工作方案，参与制订部分具体训练计划，合理规划时间，检查、管理训练工具和设备，提升选手自我管理能力。

加强体能训练。专家组根据项目特点和选手自身情况，科学合理制订体能训练计划，提高选手体能，满足参赛要求。

开展交流能力和英语训练。在训练过程中，专家组要注意对选手进行必要的英语和外事礼仪训练，使选手掌握对外交流的基本常识和方法。

加强适应性训练与团队磨合。在强化训练阶段，要充分了解比赛地气候特点、生活饮食和风俗习惯，以及时差和公共安全等情况，并在赛前组织适应性训练。专家组长、翻译和选手要加强团队磨合训练，强化团队意识，增进了解，提高团队参赛协同配合能力。

第一阶段的集训于 2018 年 10 月在北京启动，首轮集训考题由每个基地根据世界技能大赛规则和标准设计一套集训 + 考核方案（包括技术文件、评分细则、样题、设备清单、原料清单、菜品理念 / 描述表），最终在宁波基地进行考核选拔。

第一阶段考核：首轮选拔考核（11 进 5）考题出题方式为从五套基地考题里随机抽取。2018 年 11 月 20 日前公布 11 进 5 选拔考核办法，并报中国组委会技术支持组备案。考核内容包含：开胃菜、意大利手工面制品、主菜、汤品、手指餐、小型甜品。

通过 5 个训练基地的训练项目，加强了十位选手的烹饪基础技术，使选手能够在训练后增强基础技术技能水平，强化规范意识，培养自我管理的能力，开展交流能力和英语训练。

第二节 “五进一”训练方案

第二阶段（五进一）训练目标：通过基地集训和选手自训，对选手进行全面的技能训练和相应的专业理论知识辅导，促使选手们达到各阶段技能训练目标，从而优中选优。加强综合素质训练，即加强思想教育、强化规则意识、加强心理训练、加强应变能力训练、加强选手自我管理能力训练、加强体能训练、开展交流能力和英语训练、加强适应性训练。

通过借鉴国家体育总局的集训方式，充分利用北京、上海、吉林、重庆、浙江 5 个集训基地的条件，将集训队员分别在 5 个集训基地各训练一周，自己学校训练一周的模式进行，通过不同集训基地的现场和设备的不同，自然气候条件的不同，训练队员快速适应现场环境和气候条件的变化。通过在不同场景，不同气候条件下的训练，使得集训选手在综合素质上有较大幅度的提升。

此外，专家组通过让选手们参加海外拉链赛［一带一路烹饪（西餐）项目国际比赛、澳洲西餐厨师挑战赛等］，从而增强选手在比赛中的应变能力，积累更多的比赛经验。

“五进一”于 2019 年 3 月 9—10 日在上海基地进行最终选拔。比赛分为四个模块六个菜肴，分别为白菜海鲜色拉配墨鱼汁脆片、菠菜双色脆皮虾、澳带奶油青豆羹、香烤菠菜芝士牛肉卷、香烤菠菜芝士牛肉卷、番茄罗勒培根烩土豆条、白瓷。最终，来自云南的蔺永康选手以总分第一的优异成绩胜出，获得了第 45 届世界技能大赛的参赛资格。

第三节　试题公布后训练方案

通过层层选拔，选手由弱变强，达到了一定的水平，但是与国际强队来比还是有一定的差距，毕竟国内没有西餐的传统文化作为支撑，同时国外西餐的发展与国内还是有一定的时间差的。有鉴于此，专家组希望我们的选手可以有机会去国外拉链式训练，接触最新的西餐烹饪技术，同时可以邀请顶级的西餐大厨或历届排名靠前的国家烹饪队的教练来指导训练我们的选手，从而提升选手的技术水平与战术素养。另外我们还留出时间去俄罗斯喀山实训，让选手充分了解当地的气候、温度、食材等比赛相关条件，实地考察并预先练习比赛流程，为最终大赛打下坚实的基础。

为了世界技能大赛比出好成绩，选手的刻苦训练是必需的。同时，我们也应该熟知本次大赛的各项规则，特别是比赛现场及烹饪过程有关细节更为重要。这就需要邀请大赛的规则制定者或熟知大赛情况的组委会成员来为我们答疑解惑，同时也为我国西餐行业的发展，特别是技能教育和行业对接出谋划策。我们邀请了 4 位国外专家在合适的时间来华指导，为中国的选手乃至有西餐专业的学校进行培训。

在选手的训练上，我们除了常规的训练以外还加进了很多场景的训练。如缩短比赛时间、临时增加菜肴难度、加入神秘食材、缺少烹饪工具等突发情况的应变训练，以此来提高选手的随机应变能力及心理承受力。

同时我们还会去各个基地轮训，利用各基地的不同环境来训练选手对陌生环境的适应能力。特别是吉林长春基地，它的地理维度和喀山相近，气候也相近，是选手适应性训练的最佳之选。

另外，我们聘请了常年在欧洲工作的专业西餐主厨作为专职教练，为选手及备选选手进行冲刺阶段的陪练，还邀请曾经代表中国参加其他西餐国际大赛的最好成绩获得者来为选手指导。如博古斯大赛、烹饪奥林匹克大赛等，让这些国际大赛的亲历者以言传身教的方式来帮助我们的选手提升各方面的水平。

除此以外，我们还会加强选手的体能训练，每周会要求达到一定量的标准，并专门有专业团队负责选手的心理辅导，定期跟踪选手，及时进行心理辅导，保持选手的兴奋度和持久性。在训练间隙我们还会进行爱国主义教育，带领选手参观革命圣地，以此加强选手的使命感。

俗话说兵马未动，粮草先行。在去俄罗斯喀山的比赛上还有就是后勤保障的支持，容不得半点疏忽，稍有不慎就会造成无法挽回的损失。例如设备的运输，证件办理，在比赛地的衣食住行等一系列事务都需要有人负责，这是前一阶段没有的。到达俄罗斯喀山后，专家组提早在俄罗斯当地的世界技能大赛烹饪项目基地租赁了训练场地，为中国队选手提供最后阶段的冲刺训练。同时也最大程度地还原了比赛时会用到的各类器械、工具以及食材，对最终的比赛起到了至关重要的作用。

通过选手、各个基地以及专家组不懈的努力，最终我国选手脱颖而出，在烹饪（西餐）项目中取得了历史性的突破。

我们将以第 45 届世界技能大赛为窗口，为选手及基地营造与世界接轨的平台，为以后的世界技能大赛分享在比赛中的经验，以世界技能大赛为契机，以点带面推动教育改革，扎实专业基本技能，为国家培养更多专业型人才，建立新型教育西餐体系课程，以世界技能大赛为基础，为中国西餐市场推陈出新贡献力量！